薛晓源 著

博物之美

2019年·北京

图书在版编目(CIP)数据

博物之美:畅游在自然与艺术之间/薛晓源著.—北京:商务印书馆,2019
(博物之旅)
ISBN 978-7-100-17672-9

Ⅰ.①博… Ⅱ.①薛… Ⅲ.①博物学—西方国家—普及读物 Ⅳ.①N911—49

中国版本图书馆CIP数据核字(2019)第148056号

博物之美

畅游在自然与艺术之间

薛晓源 著

商 务 印 书 馆 出 版
(北京王府井大街36号 邮政编码100710)
商 务 印 书 馆 发 行
北京雅昌艺术印刷有限公司印刷
ISBN 978-7-100-17672-9

2019年8月第1版 开本787×1092 1/16
2019年8月北京第1次印刷 印张13¾
定价:108.00元

目 录

[序一]现代社会需要什么样的博物学?

胡永红(上海辰山植物园执行园长)

北京薛晓源教授来电话,嘱我为他即将出版的《博物之美——畅游在自然与艺术之间》写几句话,心中颇为惴惴,因为自己是观赏园艺背景,这个专业窄得不能再窄,对博物学只了解一些皮毛。但在薛教授的盛情之下,也只能勉为其难了。

初识薛教授,是2016年的夏季,上海市建设党委组织了一场关于生态保护主题的TED报告会,我们两个都是演讲嘉宾。他讲述的主题是天堂鸟博物画,大量精美的画作来自法国弗朗索瓦·勒瓦扬等三位博物学家,准确、生动地展现了天堂鸟的基本形态特征、生活环境以及部分物种的觅食习性等科学信息。长久以来,这些插图都是鸟类学家、鸟类爱好者和艺术家推崇备至的作品。以红极乐鸟为例,薛教授讲道:"红色确实是这种美丽而稀有的鸟类的肋下羽毛的主要颜色,这是一种富有光泽的红,上面绽放着丰富的紫红,深浅变化不一。通过图文并茂的介绍,相信当我们有机会在野外或动物园见到这种天堂鸟时,肯定能叫出它的名字,这该是一件多么有成就感的事情。"他温文尔雅、开朗活泼、生动博学,洪钟般且具穿透力的男中音感染了所有听众,毫不例外,我亦成为他的粉丝之一。

随着不断的接触,我对薛教授有了更深了解。薛晓源教授既是范曾先生的得意门徒,是一位知名画家,又是一位专业的哲学家,更是一名集大成的博物学家。他勤奋好学、博学多识、思路开阔,已经打通了连接科学、哲学和艺术的任督二脉。作为《中国博物学评论》主编,他已经主持出版了"博物学经典丛书"等三十多本博物学著作。这些著作以图文互动性为主导,兼顾阅读的趣味性,把科学启蒙、艺术欣赏、自然教育、趣味阅读融为一体,真正实现科学与艺术、自然与人文的完美结合,让读者在诗意中感受自然之美。这是践行孔子所倡导"多识于鸟兽草木之名"的典范,体现出他对现代文明下的人与自然和谐相处深深的社会责任感。

我自己的博物学概念来自学校的文章或者课外阅读的知识,并由此知道了古希腊哲学家兼博物学家亚里士多德、文艺复兴时期全能的达·芬奇、通过显微镜研究博物学的安东尼·列文虎克、弘扬双名法为自然界带来秩序的人卡尔·林奈、英国知名博物学家约瑟夫·班克斯、获得性性状遗传（用进废退）的代表人物让-巴蒂斯特·拉马克、全能博物学家和自然选择进化论的提出者之一查尔斯·达尔文；更不用说我们国内的著名博物学家如贾思勰、沈括、郦道元、徐霞客、竺可桢，等等。这些知名的博物学家和他们的故事，对我的人生和自然的知识启蒙起到非常大的作用，也对我升入大学的专业选择有一定影响。

2004—2005年我在英国皇家植物园邱园做访问学者的那段时间，让我真正有机会与博物学有近距离的接触，玛丽安娜·诺斯（Marianne North，1830—1890）最先进入我的视野。在邱园东侧有一间正对着温带温室的博物馆，就是以她的名字命名的，馆中展示了她的数百幅植物学画作，精美而准确。此前我对她的了解仅限于她是一位自学成才而多产的英国维多利亚时代画家和植物学家，这时才知道她还是博物学家。她做过广泛的国外旅行，足迹遍布四大洲，独自一人在艰苦危险的自然环境里风餐露宿，精心作画。在仔细观看其画作时，能感受到她作画时的安详和对观察到的自然景致的真实描绘。此外，在邱园的标本馆，还能看到达尔文在1853年左右采集并赠送给邱园的腊叶标本。在邱园里，处处感受到帝国时期遗留下来的耳熟能详的博物学痕迹，如约瑟夫·班克斯爵士经济植物中心、威廉·艾顿爵士温室、威廉·胡克爵士雕塑，等等。

要说到触发我内心对博物学的感悟的学者，则要数德国博物学家亚历山大·洪堡（Alexander von Humboldt，1769—1859）。洪堡告诉我们：任何事物之间都存在关联。他对世界的探索，开创了视自然为生命之网的先河。更重要的是，洪堡革新了我们看待自然世界的方式。洪堡对自然的探索，以及他留下的著作、日记和信件，奠定了他现代地理学开山鼻祖的地位。他发明的等温线、等压线仍然应用在我们今天的地图上；他发现了磁倾赤道；他构想出了跨越全球的植被与气候带的概念。洪堡的追随者，以及这些追随者之后的追随者，都在传承他的遗产。达尔文对这位前辈的崇拜，反映了洪堡当时巨大的影响力。达尔文坦言："没有什么能比阅读洪堡的旅行故事更让我激动的事了。"如果没有洪堡的影响，他不会登上"小猎犬"号，也不会想到写作《物种起源》。

洪堡也被认为是科学界最后的通才之一。在一个科学各分支日益固化的时代，洪堡等人却有一套整体式的治学观，将艺术、历史、诗歌和政治与事实数据融入一体。他们在那个特殊的时代条件下甚至还获得了一些今天的人难以想象的技能，比如速写绘图、剥制标本、野外探索，等等。因此，他们留下的博物图书往往以精准的细节描绘而使读者倾倒。此后，这种极为广博的学者逐渐绝迹，科学家们开始钻进狭窄且还在细分的专业领域，到20世纪初，已经很少有可以让一位兼通多个领域的学者施展身手的余地了。现代学科纷纷完善之后，留给博物学的空间似乎越来越少。

不过，博物学作为一门学科虽然已经走进历史，但它作为一种研究方法和情怀，却至今仍兴盛不衰。博物学的根本研究方法之一，是对大量同一层次上的“同类”事物和现象的命名、描述和分类，这在今天也是自然科学以至社会科学的基本研究方法。也许我们一提到博物，首先会想到动物、植物、矿物、生态系统、天文、地理、气象等宏观自然事物，但分子生物学家对基因的命名、序列描述、功能测定又何尝不是博物？化学家给大量的有机化合物命名、编号、总结合成方法、归纳各种性质又何尝不是博物？微生物学家运用高通量DNA测序，从来自海底、岩心等极端生境的样品中测出大量前所未闻的单细胞生物序列，凭这些序列为这些神秘生物命名、分类，又何尝不是博物？天文学家动用越来越复杂的仪器，从光学的全波段和引力波层面发现、观察和描述各种新的天体和天文现象，又何尝不是博物？

与命名、描述同类事物并将它们分类这一工作相关的另一种博物学基本工作，是把这些知识编集成准确、完备、随时更新、易于查阅的工具书或数据库。从这个意义上说，分子植物学家用的TAIR（拟南芥信息资源）和GenBank（美国国立生物技术信息中心建立的遗传序列数据库）都是具有时代特色、发挥了大数据和互联网等新兴技术的博物学大典。为什么这些国际性的大型数据库都是美国、欧洲甚至日本在做，而在中国就几近于无？与其说这是因为我们的现代数理科学不发达，还不如说是因为我们丢失了博物学精神。

诚如北京大学的刘华杰教授所言：在今日科学界，博物、数理方法、控制实验和数值模拟是彼此交错、相互组合的四个传统。如果引申一下的话，在研究工作中“集齐”这四个传统，可能也是一种博物学精神的体现。传统意义的博物学家在今日可能已经难以从科学共同体内涌现，但一种新型的博物学家却仍然会出现：他/她虽然可能主要只关注某种或某类具体的科研对象，但能熟练掌握上述所有四种现代科学方法，并与人文结合，把由此获得的所有与这些科研对象相关的知识融会贯通，以充满秩序又不乏激情的方式娓娓道与他人。我曾翻译过著名古生物学家、邱园前园长彼得·克兰（Peter Crane）的《银杏：被时间遗忘的树种》（*Ginkgo: The Tree That Time Forgot*），这本著作就是这样的新型博物学著作，而彼得·克兰就是我心目中的新型博物学家。

博物学是一门古老的学问，是最早出现的科学传统，也是经历了严重衰退的科学传统，这正是今天有许多专家学者关注其命运、呼吁其复兴的原因。我们都应该静下心来思考博物学的当下和未来。我上面这一番肤浅的论述，就是我在思考以下两个问题时的初步感悟——现代社会需要什么样的博物学？未来需要什么样的博物学？未知当否，在此敬希方家见教。希望薛教授的这本书，不单单能让我们了解过去，更能为未来的博物学指出方向。

是为序。

[序二] 博物之旅

——发现自然之美

薛晓源

什么是博物学？每次讲座都有热心的听众向我提问，回答时虽然我也理直气壮，但是有时候心里也有一丝疑惑，到底有没有一个统一的标准答案？回到书房到经典书籍中反复寻找，我仍没有找到满意的答案。2016 年 6 月在上海接受记者专访时，在互动中有感而发，才觉得品到博物学其中的三昧。我说："博物，通晓众物之谓也。《辞海》里说，博物指'能辨识许多事物'。博物学是人类与大自然打交道的一门古老学问，也是自然科学研究的四大传统之一，现代意义上的天文学、地理学、生物学、气象学、人类学、生态学等众多学科，最初都孕育自博物学。"因此，我认为，博物学涉及了三个世界：客观知识世界、默会知识世界和生活世界。客观知识世界注重的是科学考察与探险，默会知识世界注重的是生命的体验，生活世界注重的是我们周围的环境。我认为考察、体验与环境是博物学的三个最重要的关键词，与此相关的认知、审美和呵护也是题中之义，也是需要我们认真地体会和把握的。

西方博物学绘画源远流长，最早可以溯源到公元前 16 世纪。希腊圣托里尼岛上一间房屋的湿壁画，现存在雅典国家博物馆，画面上百合花和燕子相互映衬，可以算作是最早的博物学绘画之一。西方博物学著作起源较早，早在公元前 4 世纪，希腊哲学家亚里士多德就撰写过《动物志》。到了公元 1 世纪，古罗马的老普林尼撰写了《博物志》，这部作品在今天看来仍是比较成型的著作。自此以后，博物学的出版和研习在西方世界蔚然成风。最早的印刷花卉插图于 1481 年在罗马出版。1530 年出版的由奥托·布朗菲尔斯（Otto Brunfels）编写的《本草图谱》，是一个集实用性与观赏性为一体、具有自然主义风格的植物图谱，从此，博物图谱风靡欧洲。博物学著作与博物学绘画，这两片不同的水域，在 16 世纪的欧洲出版物中开始合流、贯通和融合。科学家、探险家、画家纷纷加入其行列，人员之多，范围之广，超出了我们的想象。从我看到的数十万张博物学绘画和浏览过的近

希腊圣托里尼岛上发现的湿壁画（现收藏于雅典国家博物馆）

万卷的博物学著作中，在历史上榜上有名的就近万人，赫赫有名的有近千人，有大师风范的有近百人。可以概括地说，西方博物学著作以及绘画，或者准确地说，插图版的博物学著作发端于 15、16 世纪，发展于 17、18 世纪，19 世纪达到巅峰，作品爆发，大师林立，流派纷呈，19 世纪末开始式微，20 世纪出现大幅度衰落，20 世纪下半叶到现在又开始恢复和复兴。

西方博物学庞大的知识宝库，对一般人而言肯定会产生“眩晕”的感觉。我虽然有着十几年的博物学收藏史，但面对纷至沓来的舶来品，仍偶有如坠“五里之雾”的感觉。本着普及博物学的现实性，《博物之旅》第一辑按照“鸟类卷”“植物卷”“动物卷”“昆虫卷”“水生生物卷”分类，从西方浩如烟海的博物学故纸堆里，披沙拣金，探骊得珠，从千卷书中精选出六十多本，采撷其中精华按上述分类汇编，系统梳理博物学巅峰时期的代表性著作。由于时间紧迫，展现在读者面前的还只是轮廓和梗概，读者诸君“欲知其详，还得等下回分解”。《博物之旅》第一辑荟萃许多博物学的名著，由于受篇幅的限制，只是编译和精选其中的菁华，第二辑我们将陆续采撷精华把这些原著完整翻译出版，以满足读者们殷殷之望。有人说《博物之旅》第一辑像正在上演的欧洲杯足球赛的“射门集锦”那样，美不胜收，要是能再看完几场整场比赛就更爽了。《博物之旅》第二辑“原典系列”就请大家看多场完整精彩的赛事，原汁原味享受美图妙文的视觉盛宴。

《博物之旅·原典系列》将从我收藏的近万部博物学名著中，经过专家遴选和讨论，选出100部，邀请博物学的专家和翻译家进行翻译，每年出版10部，计划10年左右完成。

《博物之旅·原典系列》的学术目标是以西方18—19世纪博物学最为繁盛时期的经典著作为遴选对象，以图文互动性为主导，兼顾阅读的趣味性，把科学启蒙、艺术欣赏、自然教育、趣味阅读融为一体，真正实现科学与艺术、自然与人文的完美结合，让读者诸君在诗意中感受自然之美。

“谁接千载，我瞻四方。”编者与出版方的良好愿望，期待读者诸君的热烈回应，期待我们大家一起走进日渐繁盛的博物学的春天！

天边云锦谁采撷

——博物学的美学之旅

一、我的博物学著作收藏

詹姆斯·奥杜邦

我的博物学书籍收藏开始于13年前，2005年初夏，我在美国洛杉矶刚参加完“马克思主义与生态文明”国际研讨会，就兴冲冲地到纽约老书店去欣赏并购买向往已久的带插图的老书。我对图书持有一个基本的信念，就是真正的图书应是图文并茂，图与文的关系就像孔夫子所说的言与文的关系，“言之无文，行之不远”。在国外只要是遇到有插图的图书我就兴奋，要是遇到精美的插图版图书，我就要情不自禁去购买，哪怕是阮囊羞涩；要是遇到精美和中意的画册，更是像中了彩票一样，会令我狂喜不已。我妻子戏说我有“图像崇拜”的倾向，没办法，谁让天下万物之美聚集在图书之中了呢？我从德国留学归来，带了十箱书回来，算起来有500多册，基本上都是精美插图版图书。

当我在纽约老书店快意畅游之时，一本奥杜邦的《北美的四足兽》映入眼帘。奥杜邦的绘画，我是神往已久，今日遇到真是名不虚传，书中动物种类奇特，很多动物闻所未闻，画面生动活泼，栩栩如生。我久久沉浸其中，不知不觉，时光流逝一个多小时，直到书店老板操着悦耳的纽约腔，问我是否购买时，我才在“美的历程”

中苏醒过来，快意付了账。抱着一大摞图书，幸福地走在川流不息的大街上，仿佛是捡了一个大漏，淘到了一块晶莹碧透的玉石。这是我第一本博物学著作的“藏品”。其后经常去国外开会和参加书展，只要有机会，我总是去老书店淘书，尤其关注博物学图书。奥杜邦、古尔德、胡克、威尔逊渐渐成为耳熟能详的名字，他们精美的作品和著作渐渐摆在我的书架上，成为我在进行哲学运思和绘画创作之际经常浏览和参考的佳作。

2012年春节前夕，我到商务印书馆购买现象学书籍，无意之间看到《发现之旅》，封面是大博物画家迪贝维尔绘制的亚历山大鹦鹉，神态逼真、毫发毕现、动姿绰约、栩栩如生；里面插图更是俯拾皆是、精美异常。惊喜之下快速购入，在回去的车上就迫不及待阅读了起来。在“美的历险”之中，恍然间发现这本书似曾相识，原来我曾经在国外购买过这本书的英文版，只是在装帧设计、开本及用纸与手中书有很大的差异，中文版出版者和设计者匠心独运，把一本铜版纸印制8开异形本画册，脱胎升级为纯纸质版、手感重量适中的“书感”极强的图书。这一成功改造的先例，使我意识到，西方博物学300多年的历史向中国读者正式拉开了大幕。那些在王室宫廷、贵族富人之中争相传阅的精美的博物学绘画也可以走向寻常百姓，真令人有“旧时王谢堂前燕，飞入寻常百姓家”之感叹！

《发现之旅》中文版封面

此后不久，我去英国参加伦敦国际书展，抽时间参观了英国自然历史博物馆，不仅看到了无数的动植物标本，也看到了神往已久的博物学绘画，无数美的图像纷至沓来，真让人有“一日看遍长安花”的快感！最让我怦然心动的是，在伦敦一家著名旧书店发现了我心仪已久的英国鸟类学大师约翰·古尔德（John Gould）的代表作《新几内亚和邻近巴布亚群岛的鸟类》（*The birds of New*

Guinea and the adjacent Papuan islands）一书，它是第一版的复制版，距离今天也有60年历史。店员殷勤地向我推销说，虽然是复制版，但是复制效果很好，基本上和原版一模一样，接近完美，价格是第一版的百分之一。我询问了价格，他说全套书（5卷）需要5000英镑，约合人民币5万元。我仔细浏览这令我向往已久的宝贝书籍，这是本对开本的画册，印制非常讲究，每只鸟都有详细的解说，每张图片的背后都空页，以免色彩透过，效果受到影响。画册的纸张讲究且微微发黄，店员让我带上白手套慢慢仔细浏览，随着卷册逐渐展开，我最为喜爱的天堂鸟向我呈现出来，它靓丽的身姿、美丽得无以复加的羽毛，一下子就征服了我的心，我想我一定要拥有这一卷。经过艰难的讨价还价，店家终于同意以近千英镑的价格卖给我第一卷。这是我收藏的最为昂贵的博物学“文献”。这本书给我带来好运，我逐渐收集到许多第一版的博物学绘画作品，逐渐认识了国内外博物学的“藏家”和一些博物学家，经过和他们有益的互动，我的博物学绘画藏品成倍增加，目前我拥有3000多册的插图本著作（当然大多数是高质量的电子版），图片达50多万张。

约翰·古尔德

二、西方博物学绘画的美学风格

德国现象学大师胡塞尔认为，人类认知的苏醒有两种方式，一是科学认知方式的苏醒，二是哲学认知方式的苏醒。我认为在一个人的认知历史上，从皮亚杰的发生认识论角度上讲，存在一个美学认知的“苏醒”，这和克尔凯郭尔所说的人生三历程相契合。他说人一生可能要经过三个阶段：美学阶段、伦理阶段和宗教阶段。

胡塞尔

我概括为：科学的苏醒、哲学的苏醒和美学的苏醒。综合中西方有关研究，我认为，从一般的意义而言，一个人从15岁到30岁（大致上），对所在的世界和物质有强烈的求知欲，所学的知识和所解释的范式都标画为明显的科学特征，这一阶段的认知我称之为科学的苏醒；从30岁到50岁，人的感觉日渐丰富而细腻，学会了认知、感受和欣赏美的事物，人的体力、智力和丰富的阅历呈现感性的风格，对活生生的东西充满非凡的感受力，人的认知方式标画为丰富的感性特征，我称之为美学苏醒；孔夫子说，五十知天命，50岁之后，人们开始对历史和社会的背后的原因感兴趣，并尝试进行解释和阐述，人的认知方式标画为寻根究底的智性特征，我称之为哲学的苏醒。

通过我近十年的博物学学习和研究，我认为博物学以及密不可分的博物学绘画对人的科学的苏醒和美学的苏醒大有裨益，因为博物学以及博物学绘画呈现了一个人迹罕至的世界、一个已经绝迹和正在绝迹的世界、一个色彩斑斓的诗意世界、一个正在和我们渐行渐远的有意义的生活世界。一些中国画家认为，西方的博物学绘画（他们鄙夷地称之为科学绘画）只具有科学认知价值，很少或者说没有审美价值；他们认为这些博物画画得太死，逼真有余而生动不足。其实他们对西方博物绘画的了解只是一鳞半爪，许多伟大的博物学画家像奥杜邦、古尔德、胡克、威尔逊、沃尔夫，都有过人的本领，他们绘画不光有逼真的线条，而且有斑斓的色彩、丰富的场景和生机勃勃的气势，让人叹为观止！他们的成功和他们的艰难跋涉，身入险境，久与鸟兽为伍以及实地考察密切相关。梅里安在18世纪初带领女儿远赴南美洲的苏里南21个月；古尔德为了绘制澳大利

玛利亚·梅里安

梅里安著作中某种蝴蝶的变态发育图

亚鸟类和哺乳动物，在澳大利亚写生两三载；华莱士为追踪研究天堂鸟，远赴马来西亚以及太平洋岛国八年；还有很多博物学画家客死在异乡他国。优秀博物学画家让铅笔的素描线条、铜板和钢板的制版线条突破了已有的窠臼和限度，表现极有张力，立体地展现了一个多维空间。他们把写实发挥到极致，并用斑斓的色彩和亮丽的光线弥补写实的硬度和呆板，使画面熠熠生辉，充溢着生气，让人有身临其境的美妙感觉。我把博物学画家捕捉物象的方式概括为6点：1. 远赴异域，实地考察；2. 对照写生，精确标注；3. 猎杀活物，制本复原；4. 制版着色，表现纤毫；5. 提炼定型，铺陈色彩；6. 营造气氛，建构谱系。

经过认真思考和探究，我认为博物学绘画呈现了科学与美学互为表里的5个风格特点：

1. 博物学绘画呈现科学数量化的风格。古尔德的博物学绘画，原书中每一只鸟类都详细标注了主要特征及尺寸大小，每张绘画都标注了展现的是鸟类的原大图像还是按比例缩小的图像，有原大尺寸、原大三分之一尺寸、原大三分之二尺寸。

2. 博物学绘画呈现精致细微的风格。鲍尔的博物学绘画丝丝入扣，精致入微，如同在显微镜下展现的万物的细微风致。他的绘画风格之所以非常细腻，据说是因为他是在显微镜下观察采集的植物和动物标本，然后用极其细致的笔法，纤毫毕现地展示各种植物的花蕊和叶子，生动真实地再现植物与动物的原生态，给观者留下了极其深刻的印象，在博物绘画史上产生了深远的影响，后世很多博物学家都以他的作品为临摹范本。

3. 博物学绘画呈现生动鲜活的风格。凯茨比说："在画植物时，我通常趁它们刚摘下还新鲜时作画；而画鸟我会专门对活鸟写生；鱼离开水后色彩会有变化，我尽量还原其貌；而爬行类动物生命力很强，我有充足的时间对活物作画。"他的作品有一种特别的风情和美感，有别于那些所谓专业画家的僵硬和呆板。

4. 博物学绘画呈现色彩斑斓、装饰性的风致与风韵。克拉默的蝴蝶色彩斑斓，布局严谨，形式多样，装饰性和鉴赏性引人注目。整版蝴蝶扑面而来，栩栩而动，瑰丽斑斓，让人叹为观止！画家们所用色彩的精细化超过我们的想象力，面对数以万计、纷至沓来的各种新鲜的植物，画家来不及当下进行细微的描绘，匆忙用铅笔

克拉默著作中的凤蝶

绘制完素描之后，按照自己的色卡，详细标注植物各个部分的颜色编号，回国之后再进行认真翔实的涂绘。费迪南德·鲍尔的色卡就有二百多种绿色和一百多种红色、粉色、紫色等，体现了画家去复原和展现万物的斑斓细微的颜色的努力。鲍尔在“调查者”号航程中所绘制的作品之所以了不起，还有一个重要的原因是他能在相当有限的上岸时间内画出许多细节来。为此他创造了一种独特的技巧，他没有采用帕金森在“奋进”号航行中部分上色的方式，而是根据自己研发出的复杂系统，在采集地花很多时间进行仔细的铅笔素描与色彩标记。回到伦敦后，他便利用这些上了色标的素描作画，捕捉色彩的细微差别。正如诗人歌德所说：“我要展现我看到的万物的芳姿与颜色。”

亚历山大·威尔逊

5. 博物学绘画呈现复合叠加的美学风格。威尔逊创作鸟类绘画时，起初，为了节省成本，把不同的鸟类和物种放在了同一画面上。这一无奈之举，却造成了奇特的美学效果：错落有致、复合叠加，展现了纷繁多彩的世界，展现了自然之美与艺术之美的完美的结合，丰富了自然世界，在呈现了自然秩序的同时，呈现了万物的秩序之美。

三、博物绘画呈现的美感和审美经验概述

博物学绘画所带来的美感也毫无保留地呈现给我们：

1. 丰富的感知。博物画呈现了一个丰富的“生活世界”，区域的广袤性与细节的丰富性，地方性知识与全球性视野完美地融合，并一览无余地呈现给我们，目前还没有发现任何一个学科具有这样广袤无垠、丰富生动的呈现性，胡塞尔所说现象

威尔逊著作中的群鸭

胡克在喜马拉雅地区考察时见到的景象

学丰富的感知，在博物绘画里可以得到完美实现。

2. 鲜活的经验。许多博物学家在著作和相关绘画作品中，详细描绘了他们第一次发现新奇的种类时的生活场景和欣喜若狂的状态，这种状态也成为描述和命名这种新物种的原初的经验，他们甚至把自己的名字都镌刻在物种命名上；在《喜马拉雅山的杜鹃花》上我们可以看到约瑟夫·胡克发现杜鹃花时那欣喜若狂的表情，他手绘的素描和菲奇着色完成的绘画作品中都真实地呈现出来了。古尔德在《澳大利亚的哺乳动物》对袋狼详细的描述和细致入微的描画，在袋狼灭绝的今天，不啻为一曲令人惋惜惆怅的挽歌。重温这些绘画作品，也许能够让现代人找回曾经拥有的与大自然亲密接触的“宝贵的经验”，让经验重新回到人类原初体验到的经验状态，让经验回归，成为现代人的永久收藏。

3. 自由的世界。德国诗人荷尔德林说：万物一任自然。毛泽东说：万类霜天竞自由。在博物画中，万物呈现了自己本来面目与形象，花卉迎风招展，鸟儿婉转歌唱，博物绘画展示了一个自由自在的世界：美是自由的象征。海德格尔认为美的本质就是自由。在博物绘画里，我们可以在审美的愉悦中畅游世界，从广袤的森林到干涸的荒漠，从寒冷的北极到赤日炎炎的赤道，从常年积雪的喜马拉雅山脉到终年葱郁的亚马孙热带雨林，翻阅这些优美的图片，看着这些精到的解说，恍惚有“坐地日行八万里，巡天遥看一千河”的感觉。

4. 和谐的意境。博物绘画展示了一个有意义的生活：回归古典、回归自然的和谐意境。面对科学至上、科学泛滥的时代，德国哲学家海德格尔忧心忡忡：原子弹的爆炸，使人类被迫进入了“原子时代”，原子时代把人从地球上连根拔起，人无家可归了。现代人生活在钢筋水泥的森林里，仰望雾霾重重的天空，呼吸着污浊的空气，电视画面不断充斥着核试验、病毒和战争，这就是21世纪人类遭遇的日常处境。博物绘画也许能够打开一扇门，放些许的绿意和较为新鲜的空气过来，让人可以憧憬和回忆起人类曾经拥有的和谐的生活和美好的诗意。让人们依稀回忆起海德格尔经常引用的荷尔德林的名句——“诗意地栖居”和特拉克尔诗境“那可爱的蓝色的兽”。

博物绘画对于我们时代的意义，尤其是在千面一孔、万象一致的冰冷的印刷复制品泛滥的机械复制时代，在数码相机一统江湖的时代，这些人工手绘的栩栩如生的博物绘画也许在这个日益单向度的世界里，如安徒生童话里的卖火柴的小女孩划亮夜空的每一支火柴那样，在漆黑冰冷的深夜里带来一小片亮光和些许的温暖。

博物学视阈下的生态启蒙

2012年以来，出版界出版了一系列博物学书籍，其中《植物学通信》《天涯芳草》《发现之旅》《博物人生》《檀岛花事》《伟大的博物学家》引起了普遍关注，多家出版社也纷纷跟进，学界的论文发表量也在蓬勃发展，虽然还没有出现我们呼之欲出的“博物学的春天”，但是温煦的和风已在不经意间扑面而至了。研究生态文明的同仁，更是奔走相告，认为博物学的复兴拓展了生态文明的新领域和新视野，丰富和拓深了生态文明的研究层次。在人人皆谈的“生态文明”上，口号式、政策性、宏论性的研究俯拾皆是，真是有“李杜文章万口传，至今已觉不新鲜”之感。在面对博物学勃兴的冲动与兴奋之后，人们不禁要问：博物学是什么，它有什么样的魅力能激起生态文明研究的深层浪花与层层涟漪？

一、博物学何为？

什么是什么？海德格尔认为这是古希腊哲学的一种提问方式，也只有古希腊才有这种提问方式。这种提问方式是寻根究底的追问，或可企及事物存在的本质。博物学是什么？这就涉及了博物学的研究领域、研究方法和呈现的方式。我认为，博物学涉及三个世界：客观知识世界、默会知识世界和生活世界。

根据学界的丰富研究，我们或许可以这样对博物学的研究领域进行概括：

1. 博物学研究的是客观世界的事物。从宏观到微观，从天体星球到鸟兽虫鱼，从崇山峻岭到大河大湖，从广袤的森林到干涸的荒漠，从寒冷的北极到赤日炎炎的赤道，从常年积雪的喜马拉雅山脉到终年葱茏的亚马孙热带雨林，博物学可以说遍及世界万物的存在形态和样式。物种的丰富性超出了我们的想象，光是蝴蝶据说就

林奈

布封

近两万种，形态之差异也超出了我们的想象，我看到大概一百多位博物画家绘制的蝴蝶图片两万多张，很少有重样的，让人叹为观止！在这种意义上，我们说博物学是关于客观知识的学问。

博物学是关于地方性知识的学问。博物学从来都不是抽象的学问，很少有宏大的叙事和抽象的原理（达尔文的《物种起源》是个例外）。虽然也有博物学家拉马克写过《动物学的哲学》，并得到我国哲学研究者赵鑫珊先生的极力推崇，他说："这比单纯'动物学'叫法要好得多。前者好比是贵族，后者是穷人。前者有种神气、王气。"[1]赵先生说得对，博物学家大都呈现出一股穷酸气，因为他们大多是穷人，为了生计，为了学术志向，可以说他们穷其一生，穷奔其途，穷根问底地寻找和描述新奇的物种，虽然他们中也有些封了爵位成为贵族，比如成为皇家植物园（邱园）园长的英国著名博物学家胡克，但是这毕竟是凤毛麟角。他们这种执着的"穷酸气"使他们不得不远涉"穷乡僻壤"，这些"穷乡僻壤"却是博物学的天堂，因为它们的物种呈现出强烈的地域性和地方性特征，其差异性和独特性引人注目，这些博物学家的著作和图绘呈现了浓郁的地方性知识。

1 赵鑫珊：《艺术是个救生圈》，上海辞书出版社 2008 年版，第 29 页。

约瑟夫·胡克

阿尔弗雷德·华莱士

博物学著作绝大多数是关于某一地区某类物种的研究，或者是某个岛屿某个海角的研究，研究种类五花八门，可以基本穷尽世间万物的存在样态。有些地区因为物种的丰富性和奇特性，成为博物学研究关注的焦点地区。南美洲的苏里南，因为17世纪德国女博物学家梅里安名著《苏里南昆虫变态图谱》而闻名于世。太平洋岛国新几内亚因盛产美丽的天堂鸟（又称极乐鸟），成为博物学家热切向往的地方，进化论的创始人之一华莱士就奔赴其地，并写下皇皇巨著《马来群岛自然考察记》；英国鸟类学大师约翰·古尔德也为此绘制五卷本巨作《新几内亚的鸟类》，引起欧洲上层社会的轰动。还有喜马拉雅地区，因其地理环境的独特性和物种的奇异性，引起众多博物学家涉险前往。约瑟夫·胡克捷足先登，写下并出版了《喜马拉雅的日记》《喜马拉雅植物》《锡金—喜马拉雅的杜鹃花》等震古烁今的博物学名著，从此点燃了人们对喜马拉雅地区的无限热情，关注至今不衰。上述这三个地区，因其独特的地理环境、奇异的物种而呈现“地方性知识”，吸引了全球的眼光和关注，从而展现出全球性的特征，因而它们成为“地方性”和“全球性”最为频繁互动的地区，“地方性”和“全球性”在这里得到最为完美的呈现。

《喜马拉雅植物》封面

2. 博物学是关于默会知识的学问。米切尔·波兰尼在《个体知识》中提出人类具有一种只可意会而不可言传的身体知识。这些知识通过人类诸感官——眼、耳、舌、身、意——累积沉淀下来，并在一定的情景中运用和呈现出来，因而称之为“默会知识”。他说：“默会认知的任何一种行动，都改变我们的生存状态，重新定向和收紧我们介入世界的活动。”[1]马克思在《1844年经济学哲学手稿》中也表达过类似观点：“五官的形成是以往世界史的产物。”默会知识强调人类日常生活的丰富的体验性，关注人与万物相遇、交往的具体情景和个体的独特经验，关注这些知识积累与如何运用逐渐成为人认知的一种潜能和基质。庄子盛赞的庖丁解牛的故事，就是默会知识最为鲜活的案例：“庖丁为文惠君解牛，手之所触，肩之所倚，足之所履，膝之所踦，砉然向然，奏刀騞然，莫不中音。合于《桑林》之舞，乃中《经首》之会。……臣以神遇而不以目视，官知止而神欲行。”这种知识的最高境界就是艺术与科学的天才的出现，中国古人说：“书道至矣，虽父子不能相传。”书法家王羲之和王献之父子，画家米芾和米友仁父子就是例证。个体性知识也不是不可以通约的，法国博物学家布封的《博物志》（也可译为《自然史》）、法布尔的《昆虫记》用拟人、比喻等文学手法描绘自然世界的动物和植物，形象生动，多姿多彩，至今风靡全球。个体丰富的体验潜移默化为人类认知自然世界的集体知识和记忆，这不能不说是博物学在其传播史上一段永远

1 转引自郁振华：《人类知识的默会维度》，北京大学出版社2012年版，第4页。

胡克著作中的巨魁杜鹃

胡克在喜马拉雅

说不尽的传奇。

默会知识或者是个体的知识还隐藏着一层未曾言明的意思，就是提倡和重视人生体验的亲历性和亲证性，讲究人生阅世的亲历亲为，波兰尼称之为“具身性”和“亲知”。杨万里的名诗“小荷才露尖尖角，早有蜻蜓立上头”，宛如一幅清丽雅致的白描画卷，诚斋先生如果没有丰富而独特的人生感知和体验，是不可能写出这清新隽永的诗句的。每吟咏这首诗，我就自然会联想起童年那无忧无虑的日子：在阳光灿烂的夏天，在荷风送爽中，满世界追逐五色斑斓的蝴蝶和蜻蜓。其情其景，其风其韵，其色其彩，其快其乐，非言语能够表述，其中妙处难与君说！

3. 博物学是关于生活世界的知识。德国哲学家胡塞尔最早提出“生活世界”的概念，但是胡塞尔从来没有明确界定“生活世界”概念的内涵和外延，他描述了生活世界具有“生命攸关、有切身利害关系的生存必需”的意味，绝不是日常生活的漫不经心，但是他只是粗略描绘了“生活世界”的特征：1. 在先性或先天不可避免性；2. 本源性，因为它是一切有意义活动的发源处；3. 纯经验的构成性；4. 境域性；5. 主体性，这世界总是“我们的”世界，通过我和我们的共同视野而构成。[1] 倪梁康先生概括胡塞尔的生活世界具有非课题性、奠基性、直观性、主观性等特征。说白了，生活世界就是我们人类所处自然和历史环境，是我们存在于世的意义的发源处，是我们安身立命的所在，是我们体验、表征的意义所在。

二、我们时代的启蒙：生态启蒙

什么是启蒙？康德认为：启蒙就是从蒙昧无知的状态解放出来，运用自己的理性去分析和判断。伽达默尔在《科学时代的理性》一书中对 18 世纪以及 20 世纪的启蒙都进行了批评。他认为 18 世纪的启蒙主要还仅限于自然的科学化、理性化，表现为方法优先的异化。但是，随着 20 世纪 50 年代以来启蒙运动向人的生活领域的扩展，启蒙主要表现为人的生活实践的科学化、理性化和技术统治的异化。伽达默尔认为，我们必须对 20 世纪的启蒙乃至启蒙本身进行启蒙与反思：（1）对技术的信任与滥用，使技术合理化已达到了极限，导致了“生态危机”，若从技术化所带来的严重后果来看，则这一切同时也可以说是“我们文明危机的标志”，亦即我们人类还不够真正成熟的标志。如若我们继续遵循这样的道路，技术的过度发展，那么“在可预见到的未来，这会导致地球生命的毁灭”。（2）科学本身也告诉我们：“我们生活于其中的世界所具备的可能性是有界限的。如果世界按现状继续发展，这个世界就会完蛋”。[2] 必须建构新的启蒙，伽达默尔认为，我们别无出路而只有进行新的启蒙才能把我们人类从这种不成熟状态中解放出来，摆脱“灭顶之灾”。因为按照康德启蒙的一个基本含义，“启蒙”就是使“人从自己造成的不成熟状态中走出来的过道”，因此借助于它，我们人类能超越自身的不成熟而臻于真正的成熟。

德国社会学家乌尔里希·贝克说：“在人类已经进入核技术时代、基因技术时

1 张祥龙：《从现象学到孔夫子》，商务印书馆 2011 年版，第 37 页。

2 〔德〕伽达默尔：《科学时代的理性》，国际文化出版公司 1988 年版。

現代工业全球化而发
展过程，不仅只產生
以民族國家為範畴
而風险社會，而且更是
由於這种風险而蔓
延造成世界風险社会，
并對全球化構成严
峻挑戰。德国社会学
家乌尔里希·貝克云。
薛明源敬寫

乌尔里希·贝克

渡渡鸟（已灭绝）

代或化学技术时代的今天，所有的风险和危机都不仅仅有一个自然爆发的过程，而且还有一个在极大范围内造成惶恐和震颤从而使早已具体存在的混乱无序之状态日益显现的社会爆发的过程。”[1]针对焦头烂额的处境，贝克还是充满信心提出必须对18世纪以来的第一次启蒙进行批判，倡导第二次启蒙，即生态启蒙。生态启蒙包含以下内蕴：1. 我们所处的世界是风险世界，这个世界迫使我们去认识和理解并继而驾驭风险、危险和灾难，风险文明是我们不得不做出的选择。风险文明开启了一个学习过程："环境是一个全球性问题"，由此衍生的全球治理浮出海平面，逐渐成为共识。2. 生态启蒙尊重不同地区和区域的生态多样性和在此基础上建构的生态文

1 〔德〕乌尔里希·贝克：《从工业社会到风险社会——关于人类生存、社会结构和生态启蒙等问题的思考》，载《马克思主义与现实》，2003 年，第 3 期。

袋狼（已灭绝）

化和传统，提倡在多样性中生活。3. 生态启蒙对被奉为圭臬的科学与技术的神话进行批判的反思，把握和厘定科学与技术的使用范围和界限。

生态启蒙希望人们从新的独断论和狭隘的人类中心主义中走出来，它要破碎以下梦幻：1. 破碎“自然界是无限”的梦幻。自然界是有限的，自然界所蕴藏的资源是有限的，土地、森林、植被、水资源、海洋是有限的，石油、天然气、煤炭和人类生存攸关的资源是有限的。无论是已探明的资源，还是未曾探明的资源，对于地球 70 多亿人的持续的索取，自然界是捉襟见肘的。2. 破碎“科学是万能的”神话。贝克说：“失败是成功之母，错误孕育了科学。从一定意义上说，科学是一位‘错误女神’。”切尔诺贝利的核事故表明，科学技术和技术经济的飞速发展也的确是一把双刃剑，其积极作用是极大地造福整个人类社会，让人们尽情地享受现代文明的种种优越生活，其负面影响是终究有一天可能会由此而毁灭整个人类社会。3. 破碎“专家是万能的”神话。我们生活在一个问题丛生、身心疲惫的时代，我们需要帮助，我们需要咨询，于是有形形色色的专家在各种媒体上，频频亮相，解疑释惑。有些专家“头痛医头，脚痛医脚”的思维模式成为大众的行为指南。面对生态风险、生态危机和生态灾难，人们往往在专家的“指导”下限于问题的枝枝节节，不去整体思考和反思这些问题的由来和未来发展的趋势，因而对于问题的解决很难提出总体的、根本的方案。

三、博物学与生态启蒙

我认为博物学与生态启蒙有很好的对接点和融合处，它们的有机结合和互通可以深化和拓展生态文明的实践经验和丰富的内涵：

1. 博物学研究非常关注已经灭绝的物种和正在灭绝的物种。从 17 世纪到 20 世纪末的 300 多年里，人类以“敢教日月换新天”的勇气和魄力，改变了万物日常栖息的地球。在这 300 多年里，地球上也有 300 多种美丽的动物永远地离我们而去了。据世界自然保护联盟濒危物种红色名录（下称《红皮书》）统计，20 世纪有 110 个种和亚种的哺乳动物以及 139 个种和亚种的鸟类在地球上消失。目前，世界上有

旅鸽（已灭绝）

500 多种鸟、400 多种兽、200 多种两栖爬行动物和 20000 多种高等植物正濒于灭绝。19 世纪英国博物学家罗斯柴尔德对于人类灭绝物种的行为痛心疾首，花了毕生的精力编撰一部书籍以志追念这些美丽的精灵——《绝迹的鸟》，他在前言中这样写道："人类破坏并继续破坏着物种，或为食用或为狩猎娱乐。而人类对其生存家园的破坏也摧毁了它们生存的根本。人们乱砍滥伐，剥夺鸟类的空间，使得其挨饿受病。……令人心痛的是，人类的足迹所至，的的确确对物种多样性造成太多伤害。"美国博物学家奥杜邦是个出色的猎手，为了绘制鸟类图片，射杀大量野鸟并制作标本，人们对此多有责难。奥杜邦晚年撰文对曾经射杀鸟类行为深度忏悔，并积极投入鸟类保护中。古尔德在《澳大利亚哺乳动物》中对袋狼详细的描述和细致入微的描画，在袋狼灭绝的今天，不啻为一曲令人惋惜惆怅的挽歌。博物馆陈列的大量动植物的标本和化石以及博物学家寂寞的著作画作时时刻刻提醒着忙碌的人类：已经灭绝的物种和濒临灭绝的物种正在与时间赛跑，人类孤独存活在世界上的时间为期不远了。

2. 博物学研究非常关注生物丰富形态。以中国为例，英国博物学家威尔逊在《中国——园林之母》一书中称中国为世界"园林之母" 和"花卉王国"，他多次前往远东地区采集植物，特别是在 1899—1911 年期间，曾 4 次来到中国，带走了 18000 个植物标本，记述了 5000 多种不同的植物种类，其中 1000 多种为世人之罕见，为欧美国家引种了上千种园林花卉植物，因此他也被称为 "中国威尔逊"。他非常叹服中国华西地区丰富的植物种类，为世界之罕见，他充分肯定了中国对世界园林做出的不可替代的贡献。伦敦自然历史博物馆、纽约自然历史博物馆收藏的博物学绘画就有百万张之巨，这些画作展现地球生物丰富的多样性，它们成了生态启蒙的知识语境和知识谱系，构建了人类生态文明的知识秩序、价值秩序和审美秩序，成为人类知识积累的"隐秩序"。它们以图像形式呈现人类文化的宝贵遗产，为人类的知识记忆涂抹瑰丽的色彩。

3. 博物学研究非常关注摆正人与万物的关系。万物不是因人而活着，人没有权利支配和屠杀生灵。人的过分猎杀，动物的生存权利和人的生存权尖锐的矛盾和对立呈现出来了。进化论创始人之一英国博物学家华莱士说："对于博物学家，当之前只通过描述、绘画或保存不良的标本才知道的东西呈现在眼前的时候，那种兴奋只有诗人的笔触才能充分地表达……让人伤感的是，一方面，这些精致优美的生物只能在这些毫不宜人的荒野才能生存和展示它们的魅力……而另一方面，文明人是否应该抵达这些遥远的地方……我们能够确定的是，通过这种方式，人会扰乱自然中生物界和非生物界之间的平衡，导致那些人类最能欣赏其中构造和美丽的事物渐渐消失，直至完全灭绝。这样的思考明确地告诉我们所有的生物都不是为了人类创造的。”[1]我们要大声疾呼：所有生物都有存活的权利，所有的生物都不是为了人类创造的。

1 引自《伟大的博物学家》，商务印书馆 2015 年版，第 308 页。

华羽的天堂鸟，是否在幸福云游?

飞着，飞着，春，夏，秋，冬，
昼，夜，没有休止，
华羽的乐园鸟，
这是幸福的云游呢，
还是永恒的苦役？

渴的时候也饮露，
饥的时候也饮露，
华羽的乐园鸟，
这是神仙的佳肴呢，
还是为了对于天的乡思？

是从乐园里来的呢，
还是到乐园里去的？
华羽的乐园鸟，
在茫茫的青空中，
也觉得你的路途寂寞吗？

假使你是从乐园里来的
可以对我们说吗，
华羽的乐园鸟，
自从亚当、夏娃被逐后，
那天上的花园已荒芜到怎样了？

——戴望舒《乐园鸟》

鸟类乐园（右侧天空中有两只极乐鸟在翱翔）

上面的诗作，是中国现代诗人戴望舒对乐园鸟（天堂鸟）诗意的描述，文字凄美，意境迷离，一股忧虑和悲切的情绪扑面而至，让人流连，让人感伤。关于天堂鸟，检索中文的文献，尚未发现比戴望舒更早的描述和咏叹，这可能是中文对天堂鸟最早的吟咏，虽然有人试图证明早在明朝就有人在海外贸易中发现过天堂鸟华丽的皮毛，但尚未得到学术界的普遍认可。这首诗作可能是戴望舒在留法期间看到天堂鸟的标本和图片，诗人在孤独和迷离中，对美好的事物和远隔万里之遥的爱情吟咏和呼唤，迷离的意境中散发着美丽和忧愁，哀感顽艳，感人至深。在诗作《乐园鸟》中，诗人戴望舒对“乐园鸟”反复发出呼唤与询问，四节诗中发出“五问”。一问乐园鸟：飞翔“是幸福的云游呢，还是永恒的苦役？”二问乐园鸟：无论饥、渴都不放弃“饮露”，“这是神仙的佳肴呢，还是为了对于天的乡思？”三问乐园鸟：“是从乐园里来的呢，还是到乐园里去的？”四问乐园鸟：“在茫茫的青空中，也觉得你的路途寂寞吗？”五问乐园鸟：“自从亚当、夏娃被逐后，那天上的花园已荒芜到怎样了？”

如果我们透过诗人戴望舒的诗意描述，去追问天堂鸟的博物学的认识历程，或许我们可能会还原诗作中的具体场景，能够尝试回答诗人的疑惑和无休止的发问——天堂鸟从哪里来？到哪里去？天堂鸟的飞翔是幸福的云游，还是永恒的苦役？本文将尝试梳理博物学家对天堂鸟的描述和认识的过程，在对天堂鸟的博物学描述中，法国博物学家弗朗索瓦·勒瓦扬、英国博物学家约翰·古尔德和阿尔弗雷德·华莱士以及美国博物学家爱略特的研究最为显著，且影响深远，天堂鸟以及画作和他们四个人的名字紧密联系在一起。他们对天堂鸟的文字描述和相关画作，可以回答诗人和国人对天堂鸟的好奇和惊讶！

天堂鸟，英文名为 bird of paradise，中文名也叫作极乐鸟。天堂鸟是极乐鸟科（Paradisaeidae）鸟类的统称，根据最新的分类系统一共有 41 种。大部分种类的雄鸟色彩缤纷，具有纷繁华丽的饰羽，雄鸟一般大于雌鸟。华莱士经过考证认为：“天堂鸟，马来人叫它‘上帝之鸟’，葡萄牙人发现其无翅无脚，唤其‘太阳鸟’，而博学的荷兰人给了它一个高雅的拉丁语名字‘天堂鸟’。”1522 年，跟随麦哲伦进行环球航行的胡安·塞巴斯蒂安·埃尔卡诺从东南亚的贸易口岸获得了几只天堂鸟的标本并带回了欧洲。由于其华丽奇特，见多识广的旅行者们也不禁为其啧啧称奇。

勒瓦扬著作中的十二线极乐鸟，只有九线

古尔德著作中的十二线极乐鸟

古尔德著作中的黑蓝长尾风鸟

由于土著人独特的制作方式，导致这些天堂鸟标本的腿已经被去掉，不明真相的欧洲博物学家惊讶于此鸟的美丽，又误认为此鸟生来无腿，终生不落地。双名法的奠基人林奈将大极乐鸟的种名定为 *apoda*，意为“无足之鸟”。直到 1824 年，自然科学家勒内·莱森在新几内亚的热带森林中亲手采集到“来自天堂里的鸟”的标本，这时人们才知道这种鸟是新几内亚热带丛林中一种很常见的鸟。不过，由于欧洲人自 16 世纪以来一直把这种鸟称作 birds of paradise（意思是“天堂里的鸟”），因此这个名字一直沿用至今。

勒瓦扬是法国人，出生于荷属圭亚那，喜欢探险。其所著的《天堂鸟和佛法僧的自然史》（1806 年）是当时关于天堂鸟资料最全的一本著作，爱略特先生在《寻访天堂鸟》（1873 年）一书中对《天堂鸟和佛法僧的自然史》做出了高度的评价，说其是“到那个时期为止有关天堂鸟的出版物中最精致的一版，且有了详细描述”。勒瓦扬没有去极乐鸟的分布区进行探险考察，在他的《天堂鸟和佛法僧的自然史》一书中，所有的图片都是依据剥制标本绘制，有些鸟类图片的效果难免受到他所观察的标本所限，其中影响最大的就是十二线极乐鸟。

英国著名博物学家约翰·古尔德不仅是一个鸟类学家，还是一个画家和成功的出版家。他团结和吸引了一大批知名的博物艺术家，如爱德华·利尔、德国博物绘画大师约瑟夫·沃尔夫以及他的夫人伊丽莎白·古尔德。古尔德出身贫寒，但是他终身勤奋，远涉重洋，在澳大利亚采风接近 3 年，出版《澳大利亚的鸟类》《澳大利亚的哺乳动物》等著作，被誉为“澳大利亚鸟类研究之父”。他一生出版 50 多本鸟类专集，这里面含有上面提到的多人合作的 5000 多张手绘的图片。古尔德和达尔文是好朋友，古尔德命名了达尔文从加拉帕戈斯群岛带来的十几种鸟类。这使达尔文非常震惊并陷入深深思考，从而辞去繁华，隐居乡间，经过二十年深入不懈的研究，于 1859 年发表《物种起源》，系统阐述了进化论。达尔文著作《小猎犬号动物志》中“鸟类卷”插图就是聘请古尔德及其夫人绘制的。

在古尔德的作品中，并没有一本专著专门来描写天堂鸟，他对天堂鸟的研究主要体现在其著作《澳大利亚的鸟类》和《新几内亚和邻近巴布亚群岛的鸟类》之中。不同于勒瓦扬，古尔德曾在澳洲进行过标本采集和探险等活动，也曾在野外观察过

华莱士著作中土著猎捕极乐鸟的场景

一些活着的天堂鸟，所以在古尔德的绘画中往往会有天堂鸟的生活场景的展示，而勒瓦扬的绘画中只是展示了鸟的姿态。尽管古尔德只在野外见过一两种天堂鸟，但他根据别人的描述便绘制出了其生活场景的效果，实属不易，体现出了其作为一位鸟类学家的实力。古尔德有着自己的标本制作公司，所以有机会接触大量的鸟类标本，这一点在其画作中也有着明显的体现。勒瓦扬的作品中基本上每幅画只有一只鸟，而在古尔德的作品中一幅图中往往同时包括了雌雄或者几只雄鸟，读者可以从一幅图中清晰地看出雌雄个体之间的差异，这也从侧面佐证了他的收藏和涉猎标本之丰富。

而比起前两位来，阿尔弗雷德·华莱士的名气要更大一些，也更为公众所知。华莱士也是英国人，将博物学家、探险家、地理学家、人类学家与生物学家等称号集于一身，足见其成就之大。华莱士最为人所知的成就就是同时独立地和达尔文提出了进化论。华莱士对天堂鸟的描述与研究主要体现在《马来群岛自然考察记》一书中。相比勒瓦扬和古尔德，华莱士曾亲身前往这些地区采集并观察过几种天堂鸟，他对天堂鸟的了解要远比前两位深入和细致，这也体现在他的绘画和文字描述中。在《马来群岛自然考察记》一书的配图中，往往都带着生境的信息，而且鸟类并不只是静态的展示，往往两只或者多只一起，个体之间有一些行为上的互动，例如求偶炫耀和同性之间的竞争等。作为一个生物学家，华莱士体现出了自己的专业，在书中他一共收录了 18 种天堂鸟，但是对于其中的辉亭鸟，他自己并不确定到底是否该将其列为天堂鸟这一类。事实证明他的这种疑惑是对的，后来的鸟类学家证实辉亭鸟确实不属于天堂鸟，而是一种园丁鸟。

那些珍稀的天堂鸟常在险远之地，华莱士先后在马来群岛徘徊逗留八年，主要的目的，就是发现和捕捉天堂鸟。在《马来群岛自然考察记》中，华莱士讲到他历尽艰辛发现天堂鸟的故事，很令人感动。天堂鸟的栖息地，不但是路途遥远，而且经常在野兽出没的丛林之中。当地土著人把天堂鸟看作是神鸟，千方百计阻拦捕猎计划，常常令华莱士无功而返。华莱士在病中恍然大悟，开始花钱雇佣土著人前去捕猎，结果大有斩获。最终华莱士获得了大量天堂鸟的标本，还雇人捉到了两只活的天堂鸟，华莱士费尽心思把它们带回英国，在动物园进行展览，结果万人空巷，

爱略特著作中的爱略特镰嘴风鸟

引起极大的轰动，天堂鸟靓丽的身姿和璀璨的色彩让参观者惊奇不已。

美国博物学家爱略特先生出生于纽约，是纽约自然历史博物馆的创始人之一，也是美国鸟类学会和法国动物学会的创始人之一。1869—1879 年，他在伦敦进行学术交流，勤勉写作，于是有了《寻访天堂鸟》一书的出版。鉴于当时关于天堂鸟的描述杂乱无章，爱略特整理了自双名法的创始人林奈发表《自然系统》第十版以来关于天堂鸟的著作和论文，对历史文献一一梳理，在古尔德等著名博物学家的帮助下，终于出版问世。书中精美的彩色手绘图片由德国博物绘画大师约瑟夫·沃尔夫精心绘制而成，可谓张张经典，栩栩如生地再现了天堂鸟。该书是对当时所有已知天堂鸟的一次详细的梳理呈现，尽管今天看来，有些种类的描述过于简单，分类也存在问题，但通过此书，读者将很好地了解各种天堂鸟的发现历史及命名的改变。

如何欣赏这些美丽的天堂鸟，也引起不小的纷争和热议。不是所有天堂鸟都有靓丽的身姿和璀璨的色彩，只有一部分雄性的天堂鸟才拥有上天所恩赐的美丽和魅力。总结前人的审美描述和经验，要取得愉悦的美感，需从静态和动态两个维度去欣赏天堂鸟之美。从静态上观察，是符合认知发生学的规律，欧洲人最早发现和得到的是天堂鸟的标本，在莱森之前，欧洲人基本没有看到过活的天堂鸟。对于天堂鸟的美丽，人们的主要关注点是：一是雄性天堂鸟奇异身形，有些雄性天堂鸟身体长出奇异的饰羽，有两线，有六线，有十二线；有的饰羽直挺，翘首而立，神采奕奕；有的饰羽柔软弯曲，妩媚可爱，优雅动人，让人感到匪夷所思。二是奇特的羽毛，有些雄性天堂鸟的羽毛颀长丰美，造型多姿，形状奇特，有的天堂鸟的部分羽毛可达 60—70 厘米长，让人感到不可思议。三是羽毛色彩璀璨，五颜六色，交相辉映，仿佛是天边的云锦，又像是雨后七彩缤纷的彩虹，让人目不暇接，只有啧啧惊叹。华莱士饱满激情地写道："天堂鸟，它们生活在深山老林里，全身五彩斑斓的羽毛，硕大艳丽的尾翼，腾空飞起，有如满天彩霞，流光溢彩，祥和吉利。" 当地居民深信，这种鸟是天国里的神鸟，它们食花蜜饮天露，造物主赋予它们最美妙的形体，赐予它们最妍丽的华服，为人间带来幸福和祥瑞。

从动态上观察，天堂鸟之美：一是羽毛多彩艳丽，雄性天堂鸟向雌性求爱，在大地上、在树枝上、在天空中，来回摆动游弋，羽翼纵横展合，千姿百态；婀娜多姿、

王极乐鸟（左上自勒瓦扬；右上自古尔德；左下自华莱士；右下自爱略特）

千种风姿、万般风情，在异域之地尽情展现。看过雄性天堂鸟表演的人说过：此物只应天上有，人间哪得几回见？二是五光十色的羽毛，在阳光照射之下，在旋转流动之中，发出靓丽的金属般的色彩。柔软的羽毛竟然能发出具有质感炫目的金属般的色彩，柔性与刚性的完美结合在天堂鸟的羽翼中得到无与伦比的呈现。这让目睹此情此景的华莱士惊诧不已，忘记身处险境，他由衷地赞美道："金属丝般的羽毛装点其身体，有些从头部、背部或肩部伸展出来，绚烂无与伦比。"

从博物绘画的美学效应来审视这四位博物学家的作品和相关画作，也可以看出博物学家对天堂鸟认识、理解、描述和表现的知识以及审美细化和深化的过程。勒瓦扬的作品和相关画作，是建立在对天堂鸟标本的认识和识别上，通过美好的想象去还原天堂鸟的美丽的颜色和奇特的倩影，刻画笔触比较细腻，但是造型略显板滞，况且构图有点单调，每幅画作描绘的都是单一的雄性或者雌性的天堂鸟，画面背景知识阙如。古尔德和他团队绘制的天堂鸟，是在实地考察和见识大量标本的基础上，进行了诗意的描绘，形象生动，色彩鲜艳，雌雄鸟类交织荟萃，美丽的羽毛与奇特异国风情交相呼应。他们细致绘制了天堂鸟的生活场景：瑰丽的植物，奇异的花草，一抹彩云，一片蓝天，建构出天堂鸟丰富多彩的生活世界。看了他们绘制的天堂鸟图片，宛然置身于阆苑仙境、天堂圣域。华莱士著作的配图，是以木刻黑白图片的形式构成的，构图丰富多彩，刀法苍劲有力，天堂鸟的造型奇特而富有很强的表现力，质感很强，线条饱满，给人以深刻的印象。比较遗憾的是，黑白木刻图片无法表现出来天堂鸟的色彩璀璨。爱略特天堂鸟著作的绘图是德国博物绘画大师沃尔夫精心绘制的，画面色彩典雅稳重，构图更加精致，雌雄天堂鸟与它们的孩子亲密偎依，一片和谐景象。勒瓦扬的作品以逼真见长，古尔德的作品以生动瑰丽见长，华莱士著作的配图以丰沛线条见长，爱略特天堂鸟著作的绘图以典雅见长。勒瓦扬、古尔德、华莱士著作的配图著作由北京大学出版社汇编出版，爱略特天堂鸟著作由商务印书馆出版，中国读者可以在这两本书中一睹各位大师笔下的天堂鸟的风姿和芳容。

欣赏与观看天堂鸟，对于今天我们提倡"回归自然，建构生态文明"有很多的启示：其一，庄子在《知北游》所说："天地有大美而不言，四时有明法而不议，万物有成理而不说。"天堂鸟的美丽，验证了庄子所说的话，让我们心悦诚服于天

庄子

地造化之神奇，学会理解和欣赏万物自然之美。其二，天下奇异之万物常在险远之地，有毅力与胆识奇异之人才能一睹其风姿。诚如王安石在《游褒禅山记》所说："古人之观于天地、山川、草木、虫鱼、鸟兽，往往有得，以其求思之深而无不在也。夫夷以近，则游者众；险以远，则至者少。而世之奇伟、瑰怪，非常之观，常在于险远，而人之所罕至焉，故非有志者不能至也。"天堂鸟身处当时远离文明世界的澳大利亚和新几内亚，其发现和描绘历经艰难困苦，非直接体验者不能想象其承受的痛苦与快乐，这充分验证了王安石所描述的险远的生活经验。其三，要学会正确面对美的事物，人的内心要常怀有柏拉图式的爱，对待美好的稀缺之物，远观而不近玩，欣赏而不占有。西方王侯将相、达官贵妇借助天堂鸟的羽毛争相斗艳之时，正是天堂鸟日渐稀少之日，即使今天我们在天堂鸟的故乡新几内亚，也很难一睹天堂鸟的芳容，在某些地区，很多天堂鸟已经绝迹或者正濒临灭绝之境。看到天堂鸟的标本，敬畏自然的信念，相信会在每个热爱大自然的人的心里油然而生。

从《狼图腾》到《狼图绘》

——我们这一代人关于狼的知识记忆

少年听雨歌楼上，红烛昏罗帐。壮年听雨客舟中，江阔云低、断雁叫西风。

而今听雨僧庐下，鬓已星星也。悲欢离合总无情。一任阶前、点滴到天明。

——（宋）蒋捷《虞美人·听雨》

人们对于狼的态度，可谓是复杂的，心里百味杂陈，难于一言以蔽之。一般而言，童年时代，害怕狼；少年时代，提防狼；青年时代，学习狼；知天命之时，开始保护即将绝迹的狼；耳顺之年，像小说《狼图腾》中的阿爸毕力格老人那样，开始敬重狼。上面陈展的蒋捷词作《虞美人·听雨》，其意境、其感慨、其变迁、其离合，运用在此最能呈现人们对狼的复杂感情。

一、童年枕边聆听《狼来了》的故事，感受谎言与凶残

童年枕边聆听最多的故事就是《狼来了》。那时临睡之前，总是缠着大人讲故事，奶奶和父母总是喜欢讲这个故事，絮絮叨叨，翻来覆去，总是这一套，但是童年的我，满眼憧憬，渴望故事。虽然这个故事每天都在重复，反复咀嚼，仍如食之甘饴，回味无穷。我总是在大人的谆谆告诫中——要做一个诚实的孩子，否则会被狼吃掉——满怀恐惧又懵懵懂懂地睡着了。

长大以后，一次为女儿挑选少儿读物，才发现这个被无数大人反复讲述的故事，竟然渊源有自，它竟然源自《伊索寓言》。我非常惊讶，对狼的恐惧和对谎言的厌

伊万·马泽帕和群狼

恶竟然千年流传，口口相传，成为人类的“集体无意识”。伊索（约公元前620—前560年）作为古希腊著名的哲学家、文学家，也成为世界最早最大的寓言家，他的寓言千古流传，至今仍然散发着迷人的魅力。

20世纪70年代初，中国尚在“文化大革命”的煎熬之中，文化生活极其贫乏，关于狼的图像资料可见甚少，幼年的我总是不断追问，狼长得什么样，为什么那么凶残？大人们总是絮絮叨叨描述狼有血盆的大嘴、尖锐的牙齿、锋利的爪子和残暴的性格。说谎要付出生命的代价和狼的凶残深深铸入小孩子洁净的心灵中，对狼的恐惧渐渐成为孩子不可名状的“集体无意识”。在之后的岁月中，这种深深积淀在心灵深处的“集体无意识”就像跌宕起伏的潮水一样，迎风起波，时而波平如镜，时而波涛汹涌。

狼猎捕北美驯鹿

二、少年抽屉里翻阅《东郭先生》连环画，感受狡猾与迂腐

少年不知愁滋味，在上课时候，当老师在上面不知疲倦地讲课之时，同学们在下面偷偷传递和翻阅的就是连环画《东郭先生》。我记得当我拿到这本画书时，窗外的知了声和教室内老师书写黑板的吱扭声都黯然消逝，我完全沉浸在丰富多彩的图片和故事之中，以至于下课都忘了去厕所。

令少年之心波澜起伏的是狼竟然会说人话，且狡猾、诡计多端。它时而会摇尾乞怜，时而又会凶态毕现，时而会聪明多智，时而又会利令智昏，让人惊讶不已。东郭先生的迂腐和善良与狼的狡猾和凶残，形成了强烈对比，让人拍案称奇。连环画《东郭先生》也是大有来头，渊源有自。他是我国著名画家刘继卣先生绘制的，内容改编自明代文学家马中锡的《东田文集》里的一则寓言《中山狼传》，大意是善良的文人东郭先生，外出遇到已受伤正被猎人追逐的狼，被狼的花言巧语所蒙蔽，关键时候保护了狼，狼确认安全后，却恩将仇报要吃东郭先生，东郭先生顽强地与狼周旋，并在机智的老丈的帮助下，把狼除掉。马中锡文笔简略古朴，语言生动诙谐，对狼的本性有准确而生动的概括：性贪而狠，党豺为虐。对狼的狡诈与伪装有生动描写和比喻："跼蹐四足，引绳而束缚之，下首至尾，曲脊掩胡，猬缩蠖屈，蛇盘龟息，以听命先生。"对狼的凶残动作也有精确提炼："逐鼓吻奋爪，以向先生。"马中锡在寓言中对牛、羊、驴也进行了生动地刻画，以衬托狼的狡诈和凶残。

刘继卣先生擅长使用铁线描勾勒人物，他的线条苍劲有力且组织的疏密得当，所绘人物的思想感情通过面目表情与身体姿态表达得淋漓尽致。他用写实的方法绘制狼的各种形态，用伸展有力的线条勾勒狼的狡猾、虚伪、凶残和贪婪。驴、马、狗、牛等多种写实动物的加入更加丰富和拓展了对狼的表现形式，时常伴有拟人的神态表情和对话场景，使画面活泼生动，有时也很幽默，不仅丰富了作品的生活场景，也生动展现了狼的多面性，增强了阅读的快感和趣味性，从而使这本连环画成为经典，历久不衰。

白狼

三、青年雨巷中聆听齐秦的《北方的狼》，感受孤独与愤懑

20世纪80年代末，一个冬日的黄昏，一场冬雨刚刚结束，雾霭弥漫着整个城市，在一个狭窄的雨巷中，一个刚开张的磁带店在欢快播放着一首凄厉的歌："我是一匹来自北方的狼……"这是我第一次听到齐秦的《北方的狼》，作为20岁刚出头的毛头小伙子，听到以后，内心一振，把自行车放在路边，快步奔向小店，买下磁带，扬长而去。回到家中反复播放，不觉泪流满面，身心震颤。

我是一匹来自北方的狼
走在无垠的旷野中
凄厉的北风吹过
漫漫的黄沙掠过

我是一匹来自北方的狼

灰狼

米瓦特

走在无垠的旷野中
凄厉的北风吹过
漫漫的黄沙掠过

我只有咬着冷冷的牙
报以两声长啸
不为别的
只为那传说中美丽的草原
……

这是一首极富有现代感的歌曲，把青年人对世俗的压力、周围污浊的环境、无从着落的迷茫、日夜奔腾的热血，通过狼的长啸和呼喊，赤裸裸地呈现出来，带着反抗和叛逆，带着轻蔑和愤怒。年轻人的特立独行和愤世嫉俗通过近似呐喊的歌声“咬着冷冷的牙，报以两声长啸”中的狼人的形象，凄厉而悲伤地展示出来，让人无法拒绝，像一股大潮裹挟着奔腾的心，无法放手。

关于这首歌曲的创作，齐秦很少谈及相关的背景和缘由，有人猜测这与他早年进训化院（少管所）的经历有关。在遭遇别人的白眼以及社会的歧视和冷遇后，青年齐秦愤世嫉俗，用歌声喊出自己的痛苦和愤怒。后经懂现代诗的朋友点化，这首歌曲和现代诗人穆旦诗作《野兽》有许多相似之处，或许是齐秦看过穆旦这首诗作，或许这首诗激发齐秦创作的灵感。

让我们感受一下穆旦诗作《野兽》，或许能找到他们之间的因缘和关联。

野兽

黑夜里叫出了野性的呼喊，
是谁，谁噬咬它受了创伤？
在坚实的肉里那些深深的
血的沟渠，血的沟渠，灌溉了
翻白的花，在青铜样的皮上！
是多大的奇迹，从紫色的血泊中
它抖身，它站立，它跃起，
风在鞭挞它痛楚的喘息。

然而，那是一团猛烈的火焰，
是对死亡蕴积的野性的凶残，
在狂暴的原野和荆棘的山谷里，
像一阵怒涛绞着无边的海浪，
它拧起全身的力。
在黑暗中，随着一声凄厉的号叫，
它是以如星的锐利的眼睛，
射出那可怕的复仇的光芒。

1937 年 11 月

南极狼

这诗作创作于 1937 年 11 月，面对日本帝国主义的铁蹄，面对国土的大量沦丧，诗人出离愤怒了。面对豺狼，不能用人和狗的方式去对待，而应该像凶猛的野兽——狼一样去对抗，去斗争。“野性的呼喊”“凄厉的号叫”“锐利的眼睛”“复仇的光芒”成为诗人呼唤、刻画狼立世的典型形象，狼抖身、站立、跃起跃然纸上，让人读后，热血贲张，激人奋发。有研究者指出，这里有尼采超人哲学和象征主义的痕迹和影响。

四、壮年夜读黑塞的《荒原狼》，感受兽性与人性的撕裂

关于黑塞，我在青年时代就非常关注他的作品，《彼得·卡门青》《纳尔齐斯

与歌尔德蒙》曾经让我着迷，不知夕阳西下。20世纪80年代读过张佩芬老师在《读书》上发表的文章，介绍黑塞的《荒原狼》。黑塞1927年创作的《荒原狼》，在德国掀起轩然大波，黑塞强烈的反战思想，被认为是预告"二战"爆发的警示醒言。黑塞因此失去居所和财产，被迫流亡国外。"由于他的富于灵感的作品具有遒劲的气势和洞察力，也为崇高的人道主义理想和高尚风格提供了一个范例"，因此在1946年荣获诺贝尔文学奖。

这到底是一部什么样的书，竟会如此跌宕起伏？在"非典"肆虐的空闲时间，我取出这部心仪已久的书，畅然阅读，外面可怖的病况迅速在眼前消退。我沉浸在黑塞的世界里，倾听人性与狼性对视、撕裂和嚎叫，倾听人性在旷野之中无助地呼叫。欲罢不能、欲哭无泪。黑白时间颠倒，白天睡觉，晚上彻夜阅读，撕心裂肺，神思渺渺。荒原狼哈立·哈勒像他自称的那样，"是一只狼，一个陌生的、野性而又胆怯的、来自另一个世界的动物。他的脸充满智慧，表情温柔，但内心世界动荡不安"。尤其是读到荒原狼在寒冷深夜中痛苦不眠，内心有个声音呼唤着他，让他掀开温暖轻柔的鸭绒被，离开带有暖气的温暖卧室，奔赴寒冷的荒野，在空无一人的沉寂中，伸开压抑已久的喉咙，像狼一样嚎叫。我感到了人性的悲哀，野性的呼唤，那声音在我脑海中长啸不已，感到天地为之昂扬，一股豪气从丹田升起，徘徊胸次，觉得体会到了马斯洛所倡导的"高峰体验"。

《荒原狼》这部小说幻想色彩浓郁，象征意味深远，被认为有"超现实主义"风格，托马斯·曼称它为"德国的《尤利西斯》"。

五、知天命之年雪夜观赏《狼图腾》影片，感受苍凉与寂寞

蒋戎的小说《狼图腾》一出版就引起我的强烈关注，买回来一口气就读完了，宛如看金庸先生的武侠小说，那么淋漓酣畅，那么动人心魄，又如饮陈年佳酿，令人长久回味。这部小说重新审视了人和狼的关系，把狼的智慧、社会组织形式等生存方式进行现代性的梳理，认为狼的生存和智慧是人类生存的懿范，是游牧民族（尤其是蒙古族）建构与崇拜的图腾。不管小说建构的世界是否真实可靠，是否经得起

历史学家的严格的学理考证，这都是一部国内真正意义上思考人与动物、人与自然的关系的具有现代意义的小说。这部小说不断重印，不断被翻译成多种文字，证明了小说的那令人血脉贲张的生命力。我和读者一直在期待这部脍炙人口的小说能走向荧屏，这种期待在心里是百味杂陈的，期待能早日看到小说中的鲜活场景，又担心小说情景很难展现，毕竟与狼共舞不是一件容易的事情，弄不好成了好莱坞的动画片，就太可惜了！

法国导演雅克·阿诺累十余年的厚积，天才般、气势恢宏地展现了《狼图腾》中人与狼共舞的盛大场景，令人惊讶，令人激动，令人热血澎湃。尤其是群狼围剿猎人以及猎杀黄羊的场面，场景宏伟壮观，厮杀血腥惨烈，人的贪婪和无助，狼的智慧和威猛展现得淋漓酣畅。观众无不抚膺震撼，惊叹于导演挥就出的这气吞山河的宏大场景。

灰狼和黑狼

我带着震颤和惊异走出影院，深夜的京城早已经雪花遍地了，踏着雪花漫步回家途中，毕力格老人旷野的呼告还不停在我耳边响起：“你们把狼都打死了，老鼠等害虫又大肆泛滥了，整个草原怎么办？”随着人类文明的脚步向草原深处的挺进，狼在人类的吉普车快速的催逼下，在猎人黑魆魆的枪口的猎杀下，逐渐灭绝了，整个生态环境遭到前所未有的破坏，生态平衡被彻底破坏，整个草原怎么办？整个人类怎么办？整个地球怎么办？我们将会感受人类孤独栖居在荒凉大地的寂寞与无奈。

六、从《狼图腾》到《狼图绘》：从博物学角度去认知和理解

看完《狼图腾》电影之后，我的心久久不能平息，也许该为人们认识和理解狼做一点有益的事情。狼究竟是一种怎样的动物，除了文学作品和童话之外，我们对狼的知识还拥有多少？网上和现有书本上关于狼的知识和描述，是如此简单和单薄，配插的图片也多是摄影作品，缺乏生动和厚重。我想起自己收藏多年的博物学宝藏，也许会给人们带来意外的惊喜。经过一周的检索，我发现有许多大博物学家都研究和描述过狼，有法国文豪布封，有英国伟大的博物学家达尔文，有美国博物画大家奥杜邦，英国博物学家米瓦特还专门写过《犬科动物专论》。欣喜之余，把博物大家关于狼的研究和图绘汇编一册，20 多篇文章，近 80 幅精美的手绘图片，大致能梳理和描绘近代以来博物学家对狼的认知和描绘，以弥补现代科学对狼的简单而生硬的概述。从布封到纳尔逊，有 100 多年历史，从中展示博物学家百年来对狼的认知和描述史，展示对狼的毛色、体型、种类、习性、地理分布等的认识是如何逐渐深化并成为知识体系，从简单的情感判断到价值判断、审美判断，阐明博物学关于狼的知识成熟过程。这十几位博物学家从不同的知识立场，根据自己不同的实地探险，描述狼分布在世界各地的全球版图和运行轨迹以及逐渐灭绝的趋向。从布封到纳尔逊，博物学家对狼的态度，逐渐在深化和软化，从厌恶到同情，展示出博物学家悲悯的情怀和对生态平衡的关注。

作为美国鸟类学会、美国哺乳动物学会和华盛顿生物学会主席的纳尔逊，在其名著《北美野生动物》中大声呼吁：“文明要保持节奏，不要对狼进行斩尽杀绝。”

灰狼（前两只）和郊狼（后三只）

犬科动物（1.蓝狐；2.赤狐；3.灰狼；4.郊狼）

他对狼的态度同情且比较客观，对狼在维护生态平衡方面的作用做了客观公正的评价："完全消灭郊狼无疑将破坏生态平衡，助长老鼠、土拨鼠和其他同样有害的啮齿目动物的气焰，因此也会使庄稼遭到的破坏严重增加。"他对文明演进速度提出质疑和警惕，希望狼的灭绝速度延缓和减慢，使美国西部文学的浪漫色彩一直传递下去："郊狼给这片令人生畏的土地平添了许多趣味和本土色彩，因而也成为了西部文学作品中的一个重要主题。在这里，它通常是狡诈多变和迅足的象征。不论它有什么过错，郊狼实在是一种奇特有趣的生物，我们希望，它从我们的荒野生活中彻底消失的那一天，要在很遥远的将来到来。"

岂能只识鸟兽草木之名?

——杨振宁、莫言、范曾先生的博物学情怀

2015年一个寒冬之夜，终于审校完《博物之旅》丛书《发现最美的鸟》最后一个字，我长长地出了口气，7个多月的奔波与操劳终于画上一个完美的句号。窗外一片漆黑，室内一灯荧然，拿起一只未点燃的香烟，放在鼻前，美美嗅上几口，混沌的大脑顿时兴奋起来，在电脑屏幕上我打下这么一行文字：天边云锦谁采撷——博物学的美学之旅。接着思如泉涌，汩汩而出，洋洋洒洒写了5000余言，觉得犹未尽兴。这篇文章叙述了我与博物学十余年的不解之缘，分析和概述了西方博物学绘画的美学特征、美感和审美经验，提纲挈领地概括了西方博物学艺术三百年来的美学风格和美学鉴赏，我想这可能是通往博物学研究与欣赏纵深处的方便法门。这篇文章赢得商务印书馆编辑们的好评，作为"序言二"放在《博物之旅》丛书之上，也算是对关心我的有关人士和广大读者的一番交代。经我手主编、编辑出版的图书不下千卷，但是不计成本、耗费心血却是非这套丛书莫属。在我草拟的推荐语中，对这套书的依依珍重之情，溢于言表："源于西方博物学万卷经典，取自海外科学画千幅佳作，采撷百里挑一，虽熟睹数十遍，仍不免惊呼，绝世之美。"

商务印书馆为《博物之旅》丛书也是倾其全力，设计师和编辑精心打造，美文与美图以最适合的形式呈现出来，让人婆娑良久，爱不释手。俗话说得好：酒好也怕巷子深。商务印书馆资深编辑蔡长虹女士也说出自身的担心："这精美的图书要有大家的推荐，才能赢得读者们的青睐！"神思方运其间，我想起去年在北大举办的"科学与文学的对话"，诺贝尔物理学奖获得者杨振宁先生、诺贝尔文学奖获得者莫言先生、著名书画家范曾先生联袂对话，引起全社会的关注。此话题媒体一直热议不断，中央电视台、北京电视台争相录播，当年北京高考的语文作文就是以此为题，可见影响力非同一般。作为北大中国画法研究院的兼职教授和范曾先生的学生，我有幸目睹整个对话过程，有“得夫子教诲，如沐春风”的感觉。三位大师的风采至今还在脑海中萦绕，三位大师的风趣睿智的语言至今还在耳边回响，仿佛就像是在昨天，可见对话深入人心。于是，我对蔡长虹主任说：“我们就请杨振宁、莫言和范曾先生做《博物之旅》丛书的推荐人，请三位大师写推荐语！”望着商务印书馆其他编辑疑惑的表情，我更是铁了心，要克服困难，完成我的承诺。

当我手持精美的假书（是商务印书馆专门制作的）敲开著名书画家范曾先生的府门时，虽然经常来先生家学习，但是这次带着任务来，尤其是从先生处学习十几年罕见先生为他人著作写推荐语，心里不免忐忑起来。当我说明来意，脸色微红地把书呈现给先生，范曾先生宽厚地笑了笑：“不必紧张，我看看再说！”先生细细地审阅着图书，不时地询问其中人物和图片。阅毕，先生指着英国鸟类学家古尔德绘制的天堂鸟感叹说：“想不到世间竟有如此美丽的鸟类，天生尤物，真不可思议啊！”言语未竟，拿起一支钢笔在书的封底写下一段优美的文字：

造化授之以双翅，必不授以四足，其吝如此。造化授以美羽，必不授以美声，其吝亦然。而此书之妙在读者但见其美羽矣，必忘其啼鸣，此书之养目怡神是所固然。

——范曾乙未

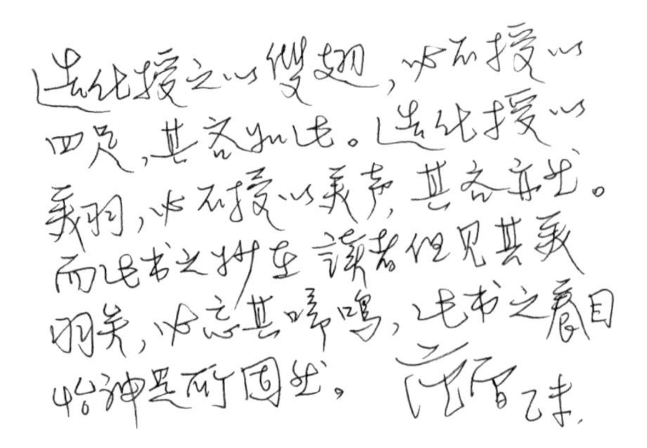
造化授之以双翅，必不授以
四足，其吝如此。造化授以
美羽，必不授以美声，其吝亦然。
而此书之妙在读者但见其美
羽矣，必忘其啼鸣，此书之养目
怡神是所固然。范曾乙未

范曾先生手稿

在这推荐语中，范曾先生标画出造化的神奇和造化的吝啬，一语中的点明此书的美妙之处就在美羽和怡神。先生犀利的目光和卓越的概括能力让在座人拊掌叹服。佩服之余，我心中略有遗憾，这是一套丛书，讲的是博物学（应该包含鸟兽虫鱼），先生只是标画了鸟，其他领域未曾言明。看着这热烈的气氛，不忍再忤先生的美意，只好今后再找机会让先生重新题写推荐语。

午饭之后，陪同先生散步，说起北大“科学与文学对话”，一直是学界的佳话，让人娓娓道来。我向先先生提出，可否给莫言先生打个电话，也请他写个推荐语。先生略微沉思一下说：“好！铺纸！”于是按照先生吩咐，我在先生硕大的案几上铺上一张四尺两裁的龙纹宣纸，先生拿起毛笔，在宣纸上唰唰书写起来。片刻见，一张俊逸潇洒的书法作品在我们面前呈现出来！范曾先生用毛笔给莫言先生写了一封信，旁边的师兄一吐舌头说：“真气派！晓源，你的面子先生给足了！”我赶紧躬身感谢先生，先生说：“莫言先生是个了不起的人物，打电话不恭，写封书信表示尊敬！”说完，拿起一个大信封，用毛笔题写：呈莫言兄启，范曾乙未。因落款处先生印章的印泥未干，先生让我把书信挂在画墙上敞晾，先生朗声读道：

莫言兄：

有《发现最美的鸟》一书，吾徒薛晓源所主编，商务出版，图片备极精美，于推荐语中拟请兄、杨振宁和本人题数语，以增可赏。恐兄不愿大笔小用，恳请吾致其意，电话不恭，特奉函登门，其诚可感，信兄当不以长揖相拒也。

此颂，

近祺！

范曾

二〇一五、十二、十二

手持范曾先生的亲笔书信敲开莫言先生的府门，莫言先生亲自来开门，让我感到既诧异又感动。莫言先生身穿中式布衣，蔼蔼长者，笑容可掬，我赶忙上前躬身致意，握着莫言先生温暖的手步入客厅。这是我第二次见到莫言先生，2014 年在京

莫言兄：

有《發現最美的鳥》一書，吾徒薛曉源所主編，商務出版，圖片備極精美，於推薦語擬請兄、楊振寧和本人題數語，以增可賞，想兄不顧大筆小用，懇請吾兄致其意，電話不恭，特奉函登門，其誠可感，信兄當不以長揖相拒也。此頌

近祺

小范曾 二〇一五.十二.十二

范曾先生给莫言先生的书信及信封

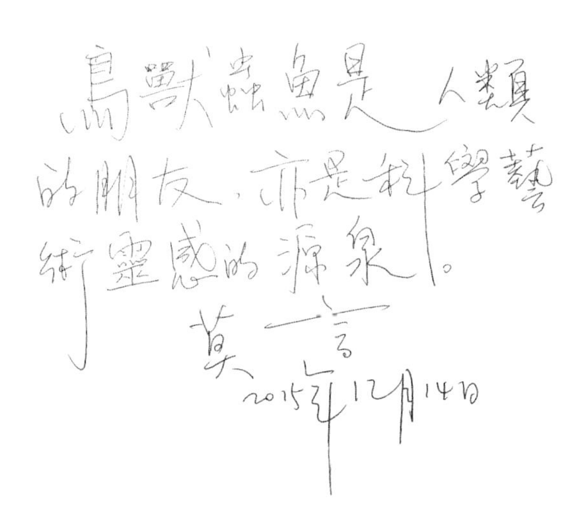

鳥獸蟲魚是人類的朋友，亦是科學藝術靈感的源泉。

莫言

2015年12月14日

莫言先生手稿

西宾馆，范先生与莫言先生出席文艺座谈会前一天晚上在素练山房神聊，我有幸作陪聆听。席间范先生与莫言先生畅谈法国的文艺，莫言先生的博学与幽默，让人叹服，让人忍俊不禁。期间谈到法国新小说家罗伯·葛利叶，见解深刻独到，谈锋犀利，让人印象深刻。

莫言先生家陈设简单大方，没有任何华丽的地方，本来进门我要换鞋，莫言先生客气说："屋内简陋，不必换鞋！"寒暄落座，莫言先生的夫人热情送来一杯暖茶，时值隆冬，寒手执热茶，顿感春意融融。赶快呈上范先生亲笔书函，莫言先生接过书函，边读边说："范曾先生，礼仪君子，太客气了！"看完书信，嘱咐夫人仔细收好。然后拿起《发现最美的鸟》一书仔细阅读起来，期间还不时询问此书的来历和出版的经由，我都一一详告。莫言先生和夫人对此书的编撰和精美的图片表示赞赏！阅读完毕，莫言先生让夫人取纸，他要秉笔书写。片刻间，莫言先生在一张 A4 大的白纸上，写上这样一句话："鸟是人类的朋友，亦是科学艺术灵感的源泉。"笔势飞舞，苍劲有力。看到莫言先生的推荐语中只是提到鸟类，我吸取上次在范先生家的教训，直接告知莫言先生，这是一套丛书，介绍和翻译的西方博物学的名著，涉及面很广，囊括了鸟兽虫鱼诸门类。莫言先生让夫人重新取纸书写：“鸟兽虫鱼是人类的朋友，亦是科学艺术灵感的源泉。”我说：“写得太妙了，真是文学大师，言简意赅，取境深远！”期间我想起范曾先生说过的话：“莫言先生对鸟兽虫鱼有很深的观察和体会，他在《丰乳肥臀》中对鸟的描写，就非常丰富生动！”我转告莫言先生，他说：“感谢范先生敏捷的观察力！博物学非常有意思，描绘鸟兽虫鱼也非常有意思，我在小说里有意识描绘动物行为和感知，其中有许多讽喻和象征的意味，妙不可言！”我说：“先生的新作《生死疲劳》中对猪、驴、牛的描写很有意味，生动形象且寓意深远！”莫言先生颔首微笑，表示赞同。畅谈不觉已过了一个多小时，我起身告辞，向莫言先生赠送我撰写的两部专著，莫言先生回赠两部书，并签名留念，莫言先生送我到门口，叮嘱书出来以后，送几本欣赏！

因为范曾先生的缘故，我见过几次杨振宁先生，曾经还在范曾先生的家宴中作为嘉宾陪同两位先生畅谈和用膳。我对杨振宁先生很尊敬，不敢轻易打扰先生，也怕杨先生对我印象不深刻，踌躇之间觉得不好意思再麻烦范曾先生了。我想起三联书店原总编辑李昕先生，他和杨先生比较熟悉，曾经出版过杨先生的文集和传记。李昕先生知道我在悉心收集和研究西方的博物学著作，就非常爽快地答应帮忙！李昕先生很快和杨先生取得了联系，并把书稿快递到清华大学杨先生的家，杨振宁先生答应审阅后撰写推荐语！一周后，从李昕先生处传来好消息，杨振宁先生写了一段热情洋溢的推荐语：

> 薛晓源先生主编的《博物之旅》丛书，印制精美，取材丰硕，是极好的博物知识与博物艺术的书。西方出版界在博物艺术方面比中国先走了几百年：奥杜邦父子（Audubon，1785—1851，1812—1862）的画作早已是西方艺术收藏界的珍品，我们应急起追赶。我希望这套新书的出版能唤起许多读者，尤其青年读者们的兴趣。

杨振宁先生不愧是科学界的泰斗，精谙中西博物学的研究和发展的现状，在赞赏本丛书的出版之余，还对中国博物学的启蒙与发展指明前进的方向。拳拳关怀之心，令人感佩！

我知道范曾先生对《博物之旅》丛书出版很关心，就赶快手持杨振宁先生和莫言先生的推荐语，再次步入范曾先生的画室。先生看到杨先生和莫言先生的推荐语，很是赞赏。于是让我铺纸，要重写推荐语。范曾先生说："杨先生和莫言先生写得非常好！我要呼应一下，况且你编的是 套丛书，不能只限于描写鸟类！"于是在宣纸上，先生写下一段幽默而睿智的推荐语：

《论语》有云："小子何莫学夫《诗》？《诗》可以兴，可以观，可以群，可以怨。迩之事父，远之事君。多识于鸟兽草木之名。"《博物之旅》岂只识鸟兽草木之名，其色泽状貌，宛在目前。莫言得灵感，吾则得范本，其所裨益，因人而异，非可一言以尽。杨振宁先生对此书寄以厚望，岂偶然哉？

《論語》有云："小子何莫學夫
詩，詩可以興，可以觀，可以羣，
可以怨，邇之事父，遠之事君。多
識於鳥獸草木之名。"《博物之
旅》豈只識鳥獸草木之名，其
色澤狀貌，宛在目前。莫言得靈
感，吾則得範本，其所裨益，因人
而異，非可一言以盡。楊振寧先
生對此書寄以厚望，豈偶然哉，
范曾 歲乙未

范曾先生手稿

范曾先生的推荐语虽然不长，加标点符号只有 132 个字，但是意味深远，三致其意。一是起句高古，源于《论语》中孔子对《诗经》的评价：多识于鸟兽草木之名；二是岂能只识鸟兽草木之名，其色泽状貌，宛在目前，莫言得灵感，范曾得范本；三是杨振宁先生对此书寄以厚望，岂偶然哉？文章立意之妙，承转之起合，往复之变化，互动之意味，尽在百余字内蕴含并呈现出来。

半月之内，观看了三位大师撰写的推荐语，感慨良多。三位大师关注博物，心系人寰；关注自然，心系通识；关注艺术，心系科学。通过和三位大师的交往，我深刻地体会到：在他们的心目中，科学与艺术、自然与人文应该得到和谐与完美的统一，这才是未来自然教育的目标，即对未来一代人的通识教育。我想这可能是杨振宁、莫言、范曾先生的博物学情怀，也是我主编以及商务印书馆出版这套丛书的应有之义吧！坊间不断勃兴的博物学的出版热潮和三位大师给予博物学的殷殷之望，使我们热烈感受到博物学的春天正在向我们阔步走来，我想我们应该张开双臂迎接博物学的春天。

博物学家拥有儿童般的好奇心

——《博物之旅》在科学与艺术之间畅游

英国诗人华兹华斯有句名言：儿童是人类的父亲。他的意思是说儿童拥有无限的好奇心，充满了天真的追问，是人类认识自然、了解自然、欣赏自然的永恒的典范。儿童心怀福田，胸无挂碍，了无功利，对神奇的自然往往能激起勃勃的求知欲和无限的想象力。

2005年我曾经把德国的畅销书《诺贝尔获奖者与儿童对话》推荐给北京三联书店出版，该书很快成为中国大陆亲子阅读的畅销书。其实我在阅读德文版的目录时就被深深吸引住了：天空为什么是蓝的？为什么树叶是绿的？地球还能转动多久？一下子就勾起了我无限的想象力和旺盛的求知欲，使我想起小时候经常阅读的《十万个为什么》。十年之后，2015年春天，我应商务印书馆之邀主编《博物之旅》丛书时，这种奇妙的感觉又再次“复活”。在审阅《发现最美的鸟》书稿过程中，我发现博物学家的“童心”处处犹在。博物学家华莱士为了一睹天堂鸟的芳姿，滞留马来群岛8年，每发现一种新的天堂鸟，都让他和博物学界振奋不已，有人戏评：餐风饮露、陋居野外、忍受病魔和蚊虫的叮咬，却观看天堂鸟的美丽羽毛、奇异倩影和璀璨色彩，享受“天堂”般的待遇。他历尽艰辛，带回来的两只小极乐鸟，在伦敦展览，引起轰动，万人空巷。由此可见，神奇的好奇心是可以点燃和传染的。1838年5月，英国鸟类学大师约翰·古尔德经过4个多月的航行前往澳大利亚，他此行的目的是去采集和绘制一本鸟类图谱。到澳大利亚之后，其丰富的动物资源，让古尔德惊讶不已，不光有奇异的鸟类，还有他闻所未闻的奇异的动物，他认为澳大利亚简直就是博物学的天堂，仿佛置身于另一个星球。他一再推迟归期，滞留两年多才恋恋不舍离开，还把助手留下继续深究。他的对开本著作《澳大利亚的鸟类》和《澳大利亚的哺乳动物》万古流芳，把他推举为“澳大利亚鸟类学研究之父”。

海克尔创作的群兰图

海克尔

18—19世纪中叶，照相技术还没有发明，西方列强的海外探险活动总是随船携带1—2名画师，把奇异的物种绘制出来，供以后的商业开拓和研究使用。物种的奇异性和多样性，让画家兴奋不已，也让画家困惑不已。动植物色彩的丰富性、璀璨性，让画家们感到艺术表现的局限性和无能。为了克服艺术再现的困难，博物画家们殚精竭虑，采撷各种原料，动用身边的所有资源，对所看到的色彩进行了精细化划分，其精细程度超过我们的想象力。面对数以万计、纷至沓来的各种新鲜的植物，画家来不及当下进行细微的描绘，匆忙用铅笔绘制完素描之后，依照自己的色卡，详细标注植物各个部分的颜色编号，回国之后再进行认真翔实的涂绘。费迪南德·鲍尔的色卡就有200多种绿色和100多种红色、粉色、紫色等，体现了画家想复原和展现万物斑斓细微的颜色的努力和决心。鲍尔在“调查者”号航行中所绘制的作品之所以了不起，还有一个重要的原因是他能在相当有限的上岸时间内画出许多细节来。为此他创造了一种独特的技巧，他没有采用帕金森在“奋进”号航行中部分上色的方式，而是根据自己研发出的复杂系统，在采集地花很多时间进行仔细的铅笔素描与色彩标记，回到伦敦后，他便利用这些上了色标的素描作画，捕捉色彩的细微差别。正如诗人歌德所说：“我要展现我看到的万物的芳姿与颜色。”

费迪南德·鲍尔的色卡

《森林与人类》杂志2016年第2期上刊布了一条重要信息，国家林业局野生动植物保护与自然保护区管理司和《中国绿色时报》联合评出“2015年中国野生动植物保护十件大事”，其中的第七件就是“河南大学生掏鸟窝获刑10年半”，引发公众热议。在《鸟巢的故事》中，我们会发现博物学家金特里先生对掏鸟窝者诚挚而深情的规劝：“我们将这本优秀的书籍推向世界，相信它会在各地热销。假设它被人们所熟知，通过这些可爱的习性和一部分有趣的家庭关系，虽然不是全部，至少有我们最亲近的朋友：它会制约我们青少年毁坏巢穴的坏毛病，通过向他们展

红喉蜂鸟的巢

棕胁唧鹀的巢

示用于研究和思考的鸟的巢穴的图片，由此战胜邪恶。”

我在主编《发现最美的昆虫》时，注意到19世纪英国的博物学家多诺万在研究和绘制《中国昆虫志》时，发现会发光的昆虫，让他新奇不已。因为他没有机缘来中国，只好根据标本和前人的记述来展开。介绍长鼻蜡蝉（*Fulgora Candelaria*）时，多诺万提到：“我们发现，昆虫最让我们吃惊的地方在于，它们有的居然能够发光，不是像物质摩擦那样，在瞬间发出一点光亮，而是发出非常清晰、持续的光，能够照亮周围的事物，当然还没有达到造成火灾的程度。对普通人而言，这无异于天方夜谭，见多识广的人也会感到惊讶。的确，对于有些旅者声称自己在异国见到有植物或动物能够发光，而本国又从来不曾出现过类似的例子，那么很多读者可能会质疑其真实性。”

《博物之旅》中关于博物学家的“幼稚”的行为和“童心”的举动俯拾皆是，

长鼻蜡蝉（头部前方的光芒实际上并不是其发出的光，只是末端为黄色而已）

某种天蛾的变态发育过程图

我们可以看到法布尔与昆虫们的“亲密”的交谈，我们可以看到英国贵族罗斯柴尔德坐着斑马马车四处打听和撰写19世纪就业已灭绝的鸟类，让人赞叹，让人唏嘘不已。

我国宋代诗人杨万里名诗：“小荷才露尖尖角，早有蜻蜓立上头。”宛如一幅清丽雅致的白描画卷，诚斋先生如果没有丰富而独特的人生感知和体验，不可能写出这清新隽永的诗句。每吟咏这首诗，我就会自然联想起童年那无忧无虑的日子：在阳光灿烂的夏天，在荷风送爽中，满世界追逐那些五色斑斓的蝴蝶和蜻蜓。其情其景，其风其韵，其色其彩，其快其乐，非言语能够表述，相信追逐过蝴蝶与蜻蜓的诸君能够体会博物学家的好奇心，重新拥有那充满神奇的“童心”之旅。

自在黄莺恰恰啼

——《飞鸟记》演讲提纲

瑞士有明净的雪山、碧波的湖水、清新的空气、宜人的环境、葱茏的草木，它们互为表里，融为一体，因而被人誉为诗意的仙境、人间的天堂。

百年来，瑞士人引以为豪的不光是旖旎的风光，还有瑞士人创作的一本书。这就是一百多年来让人称羡不已的美丽的图文博物书——《飞鸟记》。

保罗·罗贝尔

美丽的自然孕育了美丽的图书，这本书原名叫《大自然中的鸟》（*Les Oiseaux Dans La Nature*），翻译成中文非常质朴，且有点拗口，我与出版方多次商讨，费尽心思，终未捕获一个恰当而富有诗意的书名，无奈取了一个中性的书名，常常因其未能传达原文的神韵而遗憾。

本书亮点之一，就是鸟具体而生动地栖居在自然之中，自然不是鸟简单的生活环境，而是它们栖居之中的生活世界。

鸟儿很惊喜地回了家，在它熟悉的环境里、在它喜爱的灌木丛中、在它依恋的植物旁，而它的习性、它的挂念、它的特殊举止，统统抛之脑后。这就是保罗·罗贝尔的艺术让我们看到的。森林、花园、岩石、荆棘、河滩、草场、屋舍，每幅图画中的自然环境都被仔细研究过，受到的殷切关注不亚于作品中的主角。每幅图画

戴胜

煤山雀

欧仁·朗贝尔

都像是观察者无意撞见的小小场景，然后用对生动现实的深切甚至虔诚的尊重完美呈现。

本书亮点之二，就是美文在读者面前自然呈现，简洁而流畅。

首先让人震撼的，是作家笔下对图画描绘的简洁。由于印制版面的限制，要求作者朗贝尔必须只说精髓，舍弃赘语。简洁，避无可避。但朗贝尔远没有受其限制，他的才能得到了新的激发。他专注于效果，遵循牺牲的艺术，取消多余的发挥。

在这本书中，没有一行是多余的，每处下笔都富含深意，每个精心挑选的词语都传达了他饱满的情感，有助于对现实的生动呈现。

叙述语言生动多变，叙述方法也丰富多样，就像大自然永不停歇地变换着造物手段。面对同一科的鸟类（比如山雀），建立关联，却不抹杀个性，回顾同类，又避免枯燥重复。正如朗贝尔自己所说，“这是一场费尽心力的赌博”。

本书亮点之三，就是浪漫而诗意的写作。

作者像是写童话小说，而不是博物学著作。作者笔下的鸟类仿佛是人类身边的朋友，我们朝夕相处的挚友。作者娓娓而谈，把每一种鸟类都诗化成个性化的角色，让人爱怜不已。

朗贝尔找到了把角色个性化的诀窍，把鸟儿描写成生活在我们眼下的人物，甚至是我们人类的成员，它们的姿态、品德、感情乃至小小伎俩，都与我们相似。这些类比，朗贝尔并没有刻意突显，但它们很自然地就会跃入眼帘。我们会饶有兴趣地

家麻雀（左）和树麻雀（右）

在鸟的世界遇到那些与人类社会成员相似的家伙们。种类何其丰富！对比何其鲜明！

家麻雀，皮小子；

戴胜，一位孤独傲娇的公主；

啄木鸟，朴素的工人；

庭园林莺，会唱歌的艺术家；

夜鹰，孤僻的夜行者。

本书亮点之四，就是美图像一汪清泉一样，在读者面前自然流淌。

画家怀着对自然的敬畏之心，谦恭地服从于大自然，注视它、倾听它、让它发声。

罗贝尔满怀爱意加以完善的水彩画，是对上帝之作的简单致敬。某个时代的画家常说“极致”，大家会嘲笑这个词的不合时宜。画家罗贝尔笔下的鸟所创造的“极

草原石䳭

白鹡鸰

乌鸫

致”不是缺乏创作能力地在细枝末节上矫揉造作，而是一位把画笔轻拂视为表达爱意的大师的“极致”。

画家罗贝尔不是在博物馆的橱窗前画鸟，而是在研究自然、追求灵感基础上，在大自然的环境中表现出鸟类身上某些诗意的东西。书中的鸟儿如此真实地呈现在我们面前，因为我们是在与它日常生活的亲密接触中、在体现它的喜好与习惯的特有现实中与之相遇。它不是在摆姿势，它是在生活。

本书亮点之五，就是书中描绘鸟的叫声，像悦耳的音乐绕梁多日不肯离去。

书中有对歌声的细致描述：“林莺先启唇吐出一串细音，就像在好友耳边私语秘密，必须靠近才能听清——草原上的小溪在细沙或苔藓上潺潺流过时都无法比这更为温柔。接着，它活泼起来，音调颤动，音质清越，音色如笛子般纯净圆润。最高亢的音调就像阿彭策尔牧羊人或蒂罗尔猎手发出的头声，两者旋律里蕴含的欢乐也颇为相似。”既对音色音调直接形容，又从感官上加以比喻，让人顿时明了、心生柔软。

还有对唱歌神态的生动描绘：“（黄道眉鹀）歌唱时，如此投入，我们会很惊讶地发现，虽然有一条黑线从它两眼横穿而过，虽然有一撮同样黑色的胡须挂在嘴的两边，它依然是一只充满魅力的小鸟。当它引吭高歌、当它鼓起的嗓子上所有黄色的羽毛随着每一个飘出的音节轻轻颤动时，那份激情让它的脑袋，不，它的脸、它本来不怎么讨喜的脸焕发出别样的神采。”短短几句，画面感立现，鸟儿的投入与激情呼之欲出，让人心情荡漾。

美文、美图、美音相互贯通，构筑这本图文并茂的完美之作，非常适合亲子阅读，诚如中央电视台著名主持人董卿女士所说：“这本书开启了一个美的世界，是艺术之美与自然之美的完美结合。”

王阳明先生观花

——一种现象学解释

花是自然界最为普通的一类植物，它们满山遍野地生长，种类繁多，千姿百态，随风摇曳，令人爱怜。它们芬芳美丽，令人羡慕；它们缤纷绽放，令人留恋；它们随风飘逝，令人哀婉；它们凋零枯萎，令人叹息。禅家云：“青青绿竹，莫匪真如；粲粲黄花，无非般若。”周敦颐说：“水陆草木之花，可爱者甚蕃。”朱熹说：“如一株树，开一树花，生一树子，里面便自然有一个生意。”花对人而言，因其自然便利，可遇、可闻、可观、可赏，成为中外文人、诗人、哲学家寄情寓意的对象。屈原有“朝饮木兰之坠露兮，夕餐秋菊之落英”，杜甫有“感时花溅泪，恨别鸟惊心”，李煜有“春花秋月何时了，往事知多少”，中外诗人留下了无数诗篇，成为人类文化的美好记忆。我们在这里不一一赘述，我们在此关注的是中外诗人、思想家观赏花的思想姿态和审美情态，我们关注的是他们在不同的审美语境和情景中所展现的不同的审美心态和审美知觉，在现象学和解释学的层面上阐释审美知觉的建构过程和呈现方式，以及他们在何种意义上实现了天人合一的审美境界，并在何种意义上向人们呈现了他们所体悟的幽深冥合的玄妙审美境界。

我们理解的“观”在中外思想和文化上，有两种体悟和表现形式：一种是对“物”之观，如王羲之《兰亭集序》所说“仰观宇宙之大，俯察品类之盛”，可以说是形而下之观；另一种是对“无”之观，如老子《道德经》所说“故常无欲以观其妙，常有欲以观其徼”，可以说是形而上之观。观物之观与观无之观之间的界限在中外审美视野里可以融会贯通。东方审美文化常常是怀观无之观去做观物之观，就是用虚静之心去观物体道，松尾芭蕉的俳句中的观花当属此类型分析；西方审美文化常常是怀观物之观去做观无之观，就是用实证之心去考察道之究竟，但尼生的观花诗作当属这种类型。当然，这只是笼统而言之。我认为松尾芭蕉的观花与但尼生的观

王阳明

谢荪的荷花图

花是各偏执于一隅，未臻天人合一的最微妙的境界。王阳明的山中观花，“花明白起来”实现了两种观的统一，实现了“观物之观”与“观无之观”之间的视野融合，为天人合一的至高的审美境界。

铃木大拙在《禅与心理分析》中如是分析和区别东西方在观花问题上的认识和审美差异。他说：“松尾芭蕉（1644—1694）是 17 世纪日本一位伟大的诗人，有一次他写了一首十七音节的诗，这种诗叫俳句。如果我们把他翻译成英文似乎是这样的：

When I look carefully　　　　当我细细看啊，

西方画家笔下的荷花

I see the nazuna blooming	啊，一颗荠花，
By the hedge!	开在篱墙边！

当芭蕉在那偏远的乡村道路上，陈旧破损的篱墙边，发现了这一枝不醒目的、几乎被人忽视的野草，开放着那花朵时，他就激起了这个情感：这朵小花是如此纯朴，如此不矫作，没有一点想引人注意的意念。然而，当你看它的时候，它是多么温柔，多么充满了圣洁的荣华，要比所罗门的荣华更为灿烂！正是它的谦卑、它的含蓄的美，唤起了人真诚的赞叹。

上面所举的例子来自东方，接下来我要介绍一个西方的例子。我选了但尼生。但尼生可能不是一个典型的西方诗人，似乎也不大适合举出来同远东诗人相较。但是下面这一首短诗，却与松尾芭蕉的十分相似。他的诗如下：

Flower in the crannied wall,	墙上的花，
I pluck you out of the crannies; —	我把你从裂缝中拔下；——
Hold you here, root and all, in my hand,	握在掌中，拿到此处，连根带花，
Little flower-but if I could understand	小小的花，如果我能了解你是什么，
What you are, root and all, and all in all,	一切一切，连根带花，
I should know what God and man is.	我就能够知道神是什么，人是什么。[1]

铃木大拙认为："东方是沉默的，而西方则滔滔善辩。但东方的沉默并不就是意味着喑哑和无言无语。沉默在许多情况下是与多言一般善辩的。西方喜欢语言表现。不仅如此，西方还把语言文字变为血肉，并使得这个血肉在它的艺术和宗教上变得过为显著，或者毋宁说过为浓艳、淫逸。"[2] 我们是否可以这样理解铃木大拙的意思，东方的思维和审美是在观物之时，始终浸蕴在观无的状态之中，这种观无的

1 铃木大拙、弗洛姆：《禅与心理分析》，中国民间文艺出版社 1986 年版，第 18—20 页。
2 铃木大拙、弗洛姆：《禅与心理分析》，中国民间文艺出版社 1986 年版，第 21 页。

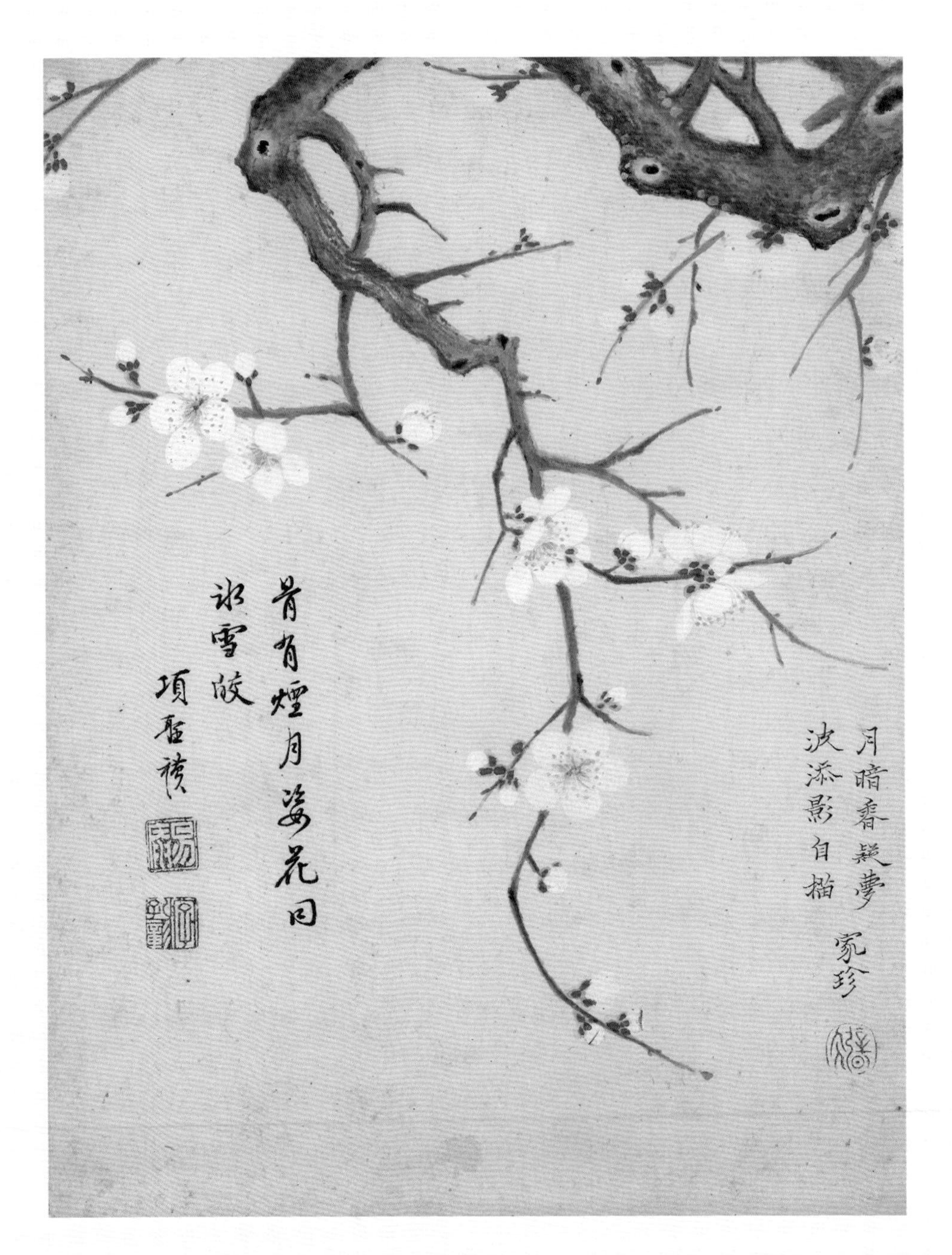

项圣谟的梅花图

状态是只可意会不可言传的，所以铃木大拙认为东方是沉默的，但是这种沉默不是失语，而是更高境界的体悟和澄明，这也是东方语言的魅力深深植根于这种体悟与澄明之中。西方的思维和审美在观物之时，是用一把锋利的匕首去用力刺破物的边缘，去追问无的极限，所以铃木大拙认为西方把语言变为血肉，心手俱伤，伤痕累累。松尾芭蕉在观赏荠花时，他的心是宁静的，心静静地体验了荠花呈现的神秘，心深深地沉醉在这种神秘之中，而无法用概念化的语言清楚表达出来。面对花之神秘，松尾芭蕉无言而赞叹着；而但尼生在采花而审视时，他的心是躁动的，心想穿透连根带叶的花，苦苦地刨根问底——花的结构和成分，要用逻辑和理性的语言清楚地把它表达出来，面对花之神秘，但尼生苦苦地追寻着。在天人合一的理想的语境里说，松尾芭蕉恍惚感受到这一境界，但是他还是比较迷离，他只有迷离的审美知觉，心感受到物的神秘，而未及深刻体会心与物的弥合和交融，他只是感叹，审美主体与审美对象尚未进入冥契无二的境界，一个感叹号抒发松尾芭蕉的赞叹和无奈。而但尼生的诗境则彻底与天人合一的境界无缘，他用理性之利刃彻底分开了天与人的畛域，在鲜血淋淋之际，他用“以头撞墙”的精神来诘问是否有天人合一的境界和镜像。

《传习录》载：“先生游南镇，一友指岩中花树问曰：‘天下无心外之物，如此花树在深山中自开自落，于我心亦有何相关？’先生曰：‘你未看此花时，此花与汝心同归于寂。你来看此花时，则此花颜色一时明白起来，便知此花不在你心外。’”后人对此，众说纷纭，解释不已，但是我总觉得这些解释如隔靴搔痒，总未及痒处。王阳明的山中观花，“花颜色一时明白起来”实现了“观物之观”与“观无之观”之间有机的冥合。这短短的一段对话包含了人生的三种境界，它和陈来先生的说法相吻合，比之更有说服力。第一境界是“有”之境，用“观物之观”去看花，花恍然开始向你呈现；第二境界是“无”之境，用“观无之观”去看花，虚静的心灵开始接受花的呈现；第三境界是“有无之境”，“观物之观”与“观无之观”同时在审美的统觉中呈现、迷离、融会、冥合，你中有我，我中有你。就是阳明先生所说的：“你来看此花时，则此花颜色一时明白起来，便知此花不在你心外。”

为了更为清晰地解读王阳明先生山中观花的本真意义，我们有必要对此进行现象学的梳理和阐释。第一，我们认为现象学的“看”是一种合适的审美距离观看。

項易庵
蘭之生深林止以媚幽獨采作盆
中供人人眼鼻福胡為矜高人把
玩殊不瀆三匝生毫端經營機在目
展卷六七花鮮柔不忍觸神物
自通靈嗅之如有馥誰歟近代筆
我為思鼎足簡翁陳白陽輕陸
平湖 家珍

项圣谟的兰花图

项圣谟的菊花图

邹一桂的菊花图

现象学的“看”要求对事物进行现象的还原和本质的还原，这种“看”是一种凝神的关注，让事物本身自己呈现出来，这种“看”要求观察者与观察对象要保持一种适当的距离，尤其是审美视觉的现象学，要求审美视距表现适中，才能保证凝神的“看”具有当下的直观性和亲证性。王阳明先生说看此花，而非彼花，此花与王阳明先生和朋友距离是适中的，适合这种凝神的观看。如果王阳明与朋友距离此花太远，则是一片迷糊，看不到花的整体形象；如果王阳明与朋友距离此花太近，则是看到花的局部，也看不到花的整体形象。此花一时明白起来与王阳明的心一起构成现象学式的审美观看。第二，现象学的“看”是一种不断体验的意识流，是心的观看。胡塞尔在《生活世界现象学》中指出：“一个捕捉的目光可以像关注声音时段的河

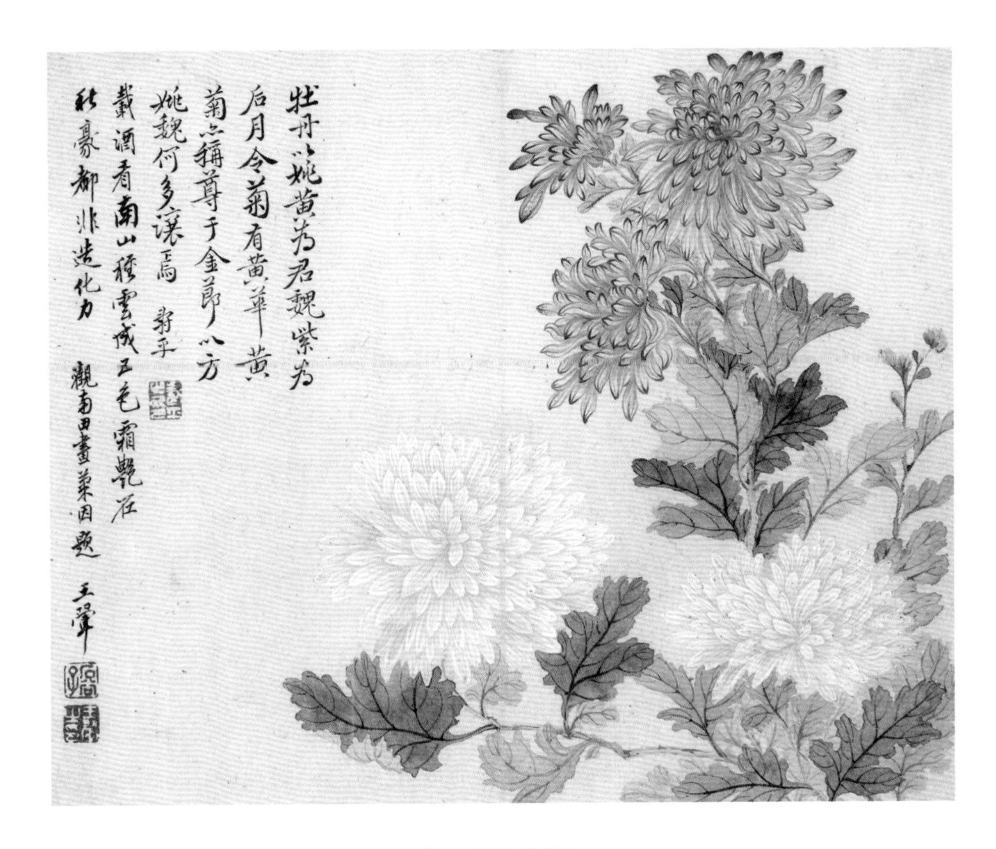

恽寿平的菊花图

流一样去关注这些时段在显现的现在中—事物性—客观性的东西便在这个现在中展示自身—的连续性，并且再次关注这个瞬间连续性的变化的连续性。”[1]对此，黑尔德评论道：“意识是一条体验流，即一种流动的多样性。但是许多不同的体验都是作为‘我的体验’被我意识到的。这些体验都包含在这种属于‘我’的属性中，它们构成统一。”[2]王阳明先生的观察是心的动态的观察，花的姿态和颜色像流动的河水一样不断呈现在阳明先生的心中，呈现在我们现在所说的阳明先生的审美的意识之中，心与花在瞬间进行了多次的往返，形成了花的审美知觉。第三，现象学的“看”

1 胡塞尔：《生活世界现象学》，上海译文出版社 2002 年版，第 133 页。

2 同上书，第 18 页。

恽寿平的牡丹图

是一种审美知觉的统合，是一种类似于“天人合一”式的观看。胡塞尔说：“花的‘显现’，并不是作为实在的内在的组成部分，而是在自我意识中，观念地作为意向的某物，呈现的某物，或者等值地陈述就是作为自在意识的内在的‘对象意义’，意识的对象，即在流动过程中与‘自身’同一的对象，并不是来自过程之外的，相反地，它是作为一种意义被包括在主观过程自身之中，因而作为由意识的综合所产生的‘意向的结果’。”[1]

现象学认为人对物的观察，任何一次“看”都只能是观察到物的某一维度，而

1 转引自陈来：《有无之境》，北京大学出版社 2005 年版，第 85 页。

看不到事物的整体，意识的凝神和统合作用可以使意识把握到某一事物的整体，从而在审美现象学上进行完整地审美观照。让我们还原王阳明先生山中观花的现象学场景：阳明先生与友人，在山中看到一朵花，在距离花不远不近的距离中，花向阳明先生与友人呈现了自身的姿态和颜色。花的姿态与颜色与人的审美视觉相遇，花的清香与人的嗅觉相触，花的摇曳多姿的整体形象在人的审美知觉之中生成与活跃，审美知觉统合了花与心的“目既往返，心亦吐纳”的整个生成过程，在这一意义上可以说花不在心之外。

现象学对审美意识在审美过程中的建构作用，以及审美意识中的意向性的立义的深入探究和取得的成果，可以和王阳明先生的山中观花的审美情景进行互文互义、互例互证。梅洛－庞蒂声称：“一物并非实际上在知觉中被给予的，它是内在地由我们造成的，就其与一个世界相联系而言（此世界的基本结构与我们联系在一起）是由我们重新建构和经验的。”[1]

1　转引自张世英：《进入澄明之境》，商务印书馆 1999 年版，第 129 页。

在我们这个时代，博物学何为

——在中央电视台《读书》节目的演讲

观众朋友们，大家好！我很高兴为大家推介商务印书馆最新博物学图书：《发现最美的鸟》，这是商务印书馆的《博物之旅》丛书的第一本，接下来还要继续起航，将出版《发现最美的昆虫》《发现瑰丽的植物》《发现奇异的动物》《天堂鸟》。

之前，大家可能知道我是社科理论工作者，《博物之旅》丛书出来后，很多人看到后非常惊讶，问我怎么又开始研究博物学了？其实，我与博物学有很深的渊源。我从小喜欢绘画，2004年去德国留学，游遍了欧洲的博物馆和老书店，在那时我就开始较为系统地收集和整理博物艺术和绘画，迄今收集了近万册书籍和近百万张博物绘画，其中相当一部分是高清晰的电子版。2006年我师从著名书画家范曾先生攻读博士学位，学习中国绘画以及理论。在绘画之余，欣赏一下国外的博物画艺术，是一件赏心悦目的事情。遨游书海之余，常为中国的读者遗憾，没有机会欣赏这些图文并茂的佳作。2012年春天，商务印书馆出版了《发现之旅》，我非常欣喜，发现遇到知音了：西方博物学三百多年的历史向中国读者正式拉开了大幕，那些曾在王室宫廷、贵族富人之中争相传阅的精美的博物学绘画也可以走向寻常百姓的面前，真有“旧时王谢堂前燕，飞入寻常百姓家”之感叹！

欣喜之后，就是苦等，翘首期盼续集出版，但久候不至。友人就劝我说，你既然拥有那么丰富的博物学宝藏，为什么不自己主持编译呢？回想之后，觉得有道理，就与几个翻译家朋友商量，没想到得到他们的热烈响应，于是经过一年多筹备和忙碌，我主编的《博物之旅》陆续在商务印书馆出版，和广大读者见面。《博物之旅》第 辑 共有5卷，从西方浩如烟海的博物学书堆里，披沙拣金，探骊得珠，从千卷书中精选出60本，采撷其中精华按分类汇编，“嘤其鸣也，以求友声”“青鸟鸣枝，佳人拾翠”。

库克船长航行中的见闻

《发现最美的鸟》中的11位作者都是西方顶尖级博物学家，其中有3位是博物学的大师：乔治·爱德华兹被誉为英国鸟类学研究之父，亚历山大·威尔逊被誉为美国鸟类学研究之父，约翰·古尔德被誉为是澳大利亚鸟类学研究之父。尤其是约翰·古尔德，更是不得了的人物。进化论是谁发现的？当德国博物学家10年前问我的时候，我不假思索地说："这是三岁孩子都知道的常识，你还问我，是达尔文！"他说："不对，第一个发现进化论的是英国鸟类学大师约翰·古尔德。"后来我查阅资料后发现果真是这样，这真是一个颠覆性的结论。原来，达尔文在1836年环球科学考察之后，把采集到的哺乳动物和鸟类标本送给伦敦动物学会进行研究，古尔德是伦敦动物学会的鸟类学家。六天之后，古尔德就通知达尔文：他送来的采集自加拉帕戈斯群岛的十几种鸟类，虽然鸟喙因为采集食材和地域而有很大的差异，

乔治·爱德华兹

查尔斯·达尔文

但是它们最初应该是同一种雀，然后不断进化而形成的，并把这些鸟类统称为达尔文雀（每一种仍有独立的名字）。这个消息使达尔文非常震惊并陷入深深思考，从而辞去繁华，隐居乡间，经过二十年深入不懈地研究，于1859年发表了《物种起源》，系统阐述了进化论，从而轰动了世界。在这期间，古尔德和达尔文也成为了好朋友，达尔文著作《“小猎犬”号科学考察记》中“鸟类卷”插图就是由古尔德及其夫人所绘制的。为了不完全颠覆我们的知识传统，我想这样说可能更为准确：鸟类学家约翰·古尔德为进化论概念提供了一些证据，而达尔文是进化论第一个系统的研究者和理论的阐释者。

约翰·古尔德不仅是一个鸟类学家，还是一个画家和成功的出版家。他团结和吸引了一大批的知名的博物艺术家，如本书精选的《鹦鹉图谱》的作者爱德华·利尔、德国博物绘画大师约瑟夫·沃尔夫以及古尔德的夫人伊丽莎白·古尔德。古尔德出身贫寒，但是他终身勤奋，远涉重洋，在澳大利亚写生接近3年，一生出版了

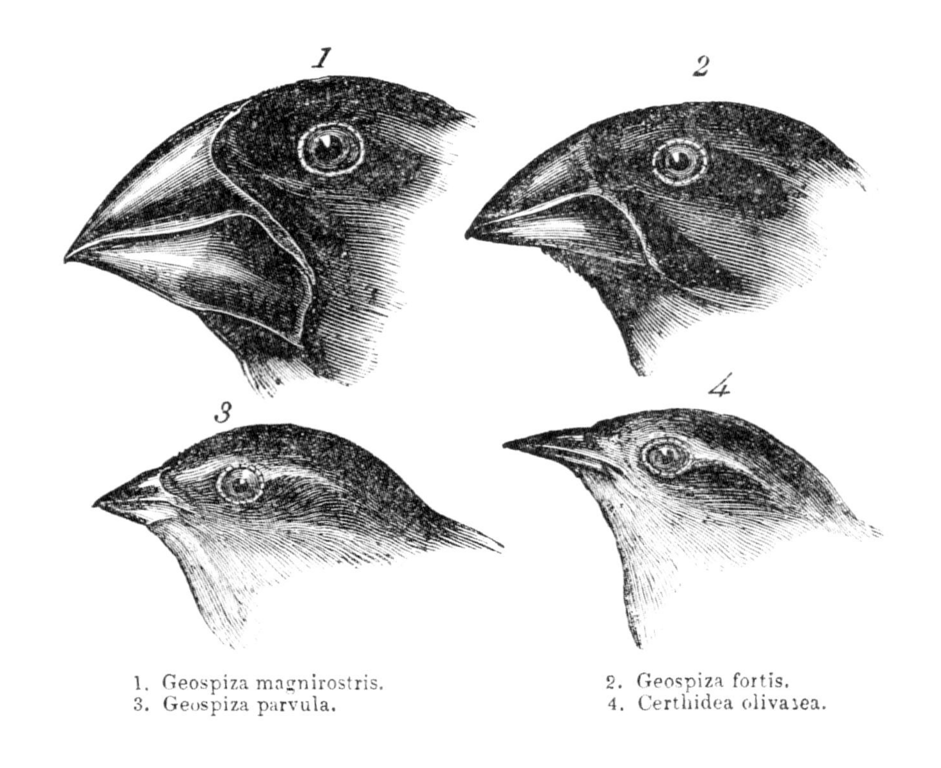

几种达尔文雀头部对比图

50 多本鸟类专著，含有 5500 多张手绘的图片。这些图片精良优美，使古尔德成为享誉世界的鸟类学家。为了表示对大师的尊重，本书选取了其三部著作中的精彩篇章，它们是天堂鸟、蜂鸟和喜马拉雅山的珍稀鸟类。

《发现最美的鸟》荟萃了西方博物学巅峰时期最激动人心的 13 部鸟类学著作，这些著作在西方家喻户晓，成为西方博物文化的象征和路标。我们撷取其中精华汇成一集，还原了近三百年来鸟类观察者的真实生活以及他们探索自然时的惊喜。每张彩绘的精美插图都是出自博物学绘画名家大师的手笔，这些手绘的图片展示了世界各地的珍稀鸟类，而这些美丽的鸟类大都在人迹罕至之处，很多博物学家为了描绘这些美丽的生灵而身处险境，有的博物学家还不幸殒命在荒野，最令人叹息的是书中所陈列的某些鸟类在人类的枪口下已经永久地绝迹了，成为了博物学永远吟咏

“小猎犬”号在火地岛

的绝唱。

本书不只是展示这些精灵的美丽身姿，还立足原始文献进行编译，很多篇章是首次翻译成中文，弥足珍贵！用简洁优美的文字述说这些鸟类种属、大小、色彩、栖息地、觅食和生存环境，深入浅出，娓娓而谈。这本图文互动的精美之作就像一座浓缩的西方博物学的旋转历史舞台，鸟类博物学的故事大幕从此靓丽打开。

相信读者朋友，如同在十多年前我首次看到这些精美图集一样，除了震惊之外，对于如何鉴赏也会感到非常困惑。商务的编辑要求我用一句话高度概括《博物之旅》丛书的最大特色，我思索片刻写下了腰封上的一句话：科学与艺术、自然与人文的完美结合。这本书出来之后，大家都比较认同这个提法。这些美轮美奂的图片都具有以下特性，用十二个字可以概括：客观精准、色彩斑斓、生动活鲜。

首先是客观精准。这些博物绘画都是在科学的细致观察之下，精心绘制完成的。

古巴红鹦鹉（已灭绝）

赭红霸鹟

蓝胸佛法僧的翅膀

这些博物学家或是身处万里之遥的深山老林之中，对照写生，或是购买标本，恢复原样，或是猎取活物，参照观察。博物学绘画在客观精准追求之下呈现科学数量化的风格。很多鸟类学图籍都详细标注了每种鸟类主要特征的尺寸大小，严格认真地绘制，不许有丝毫差错。很多绘画都标注了展现的是鸟类的原大图像还是按比例缩小的图像。

其次是色彩斑斓。面对数以万计、纷至沓来的各种新鲜的植物和斑斓的动物，

雪松太平鸟

红嘴巨嘴鸟

博物画家来不及当下进行细微的描绘，匆忙地用铅笔绘制完素描之后，按照自己的色卡，详细标注植物各个部分的颜色编号，回国之后再进行认真翔实的涂绘。鲍尔的色卡就有200多种绿色和100多种红色、粉色、紫色等，可见画家为复原和展现万物的斑斓细微的颜色付出了巨大的努力。

第三是生动活鲜。凯茨比说："在画植物时，我通常趁它们刚摘下还新鲜时作画；而画鸟我会专门对活鸟写生；鱼离开水后色彩会有变化，我尽量还原其貌；而爬行类动物生命力很强，我有充足的时间对活物作画。"

《发现最美的鸟》有两篇精彩的华章"大自然中的鸟"和"鸟巢的故事"专门谈到鸟与自然的关系、鸟对自然的偎依以及鸟的父母奋力建造巢穴保护鸟宝宝的故事，作者用清新细致的文字，娓娓道来，感人至深。

本书所要展现的不光是各种鸟类的俏丽的身影和美丽的羽毛，还有这些博物学家对鸟类栖息的丛林、小溪、绿地和翠谷的关心，对鸟类的生活世界的关注。这本书给我们的启迪可能是，人类如何学习鸟类在大自然中友好栖居，学会欣赏自然、敬畏自然，然后才能像德国诗人荷尔德林那样吟咏：在大地上诗意地栖居！

重建博物学

——对话陈燮君、曹可凡

蔡长虹（主持人）：各位来宾，各位女士、先生，大家下午好！非常高兴大家来到上海书城参加我们商务印书馆出版的《博物之旅》丛书的新书发布会，下面有请今天的三位嘉宾，他们分别是：《博物之旅》丛书的主编薛晓源先生，上海著名主持人曹可凡先生以及上海博物馆原馆长陈燮君先生。

蔡长虹：薛老师是《博物之旅》丛书的主编，您本身是哲学专业出身，同时还研究中西画法，师承范曾先生。乍听上去，感觉和博物学领域差得比较远，请问薛老师，您主编这样一套书的立意是什么？您想通过这套书告诉大家什么内容？

薛晓源：很高兴出席这次新闻发布会，感谢曹老师和陈馆长百忙之中出席这个发布会。其实我主编这套丛书，有三个立意，现在我给大家汇报一下我在学习、欣赏、研究博物学时，体会到的人生的三个境界。

第一个境界是回归自然，多识于鸟兽草木之名。我觉得博物学有自然教育的功能，孔子说："《诗》可以兴，可以观，可以群，可以怨；迩之事父，远之事君；多识于鸟兽草木之名。"我主编的《发现最美的鸟》一书有100多种鸟类，其中很多珍稀鸟类的标本与图像是我们国人没法看到的，或者罕见的。它藏在深宫大院中，藏在王室皇家中。比如说天堂鸟，天堂鸟当时在16世纪刚被带到欧洲的时候，葡萄牙人看到惊艳不已，说此物只应天上有，人间哪得几回见。这一次我们把天堂鸟美丽的倩影第一次系统地展现给国人。

在《发现最美的昆虫》里边，我专门选了一个《中国昆虫记》，为什么选中国昆虫呢？因为1792年乔治·马戛尔尼来中国拜访乾隆，想和中国搞好贸易，结果

大极乐鸟

美洲红鹳

铩羽而归，不过最后他带回很多珍稀文本和标本，结果英国人根据这些标本和文献写了一本畅销书，叫《中国昆虫记》（*Natural History of the Insects of China*），于1798年出版，在英国引起轰动。所以我说学习博物学的第一个境界叫多识于鸟兽草木之名。

第二个境界就是回归古典，享受天地大美。庄子说“天地有大美而不言”，所以我们要享受天地大美。关于这套书，老是有人问我，西方的博物画究竟有多美？我认为有三点：第一，客观精确之美，这一点可能我们国人的博物画做得不够好，我们要向西方学习；第二，色彩璀璨之美，西方博物达人为此建构色卡表达体系，同一种红色，有200多种色卡，有200多种颜色表现红，200多种颜色表现绿和蓝，其精细精准程度，让人叹为观止；第三，复合叠加之美，把不同的鸟放在一起，本来是节省成本，放在一起却有立体复合风韵。这是博物学具有的审美教育功能，使我们在欣赏博物画的时候有审美和享受。

第三个境界就是心怀敬意，博学通识。商务印书馆的编辑要求我写一句话概括这套书的价值情怀，我说“科学与艺术、自然与人文的完美结合”就是我主编这套书的愿望，同时也希望大家能够认识、理解、欣赏西方的博物知识和博物艺术的兼容性和博雅性。

蔡长虹：谢谢薛老师的精彩分享。说到艺术，曹老师不仅仅是上海的著名主持人，对于书画艺术也有研究，并且擅长赏鉴和收藏。说到收藏，其实我们《博物之旅》丛书当中的博物手绘都是西方博物艺术收藏界的珍品。比如说2010年，19世纪最著名的博物绘画大师奥杜邦的一部巨著，就被拍卖到了1150万美元，可以说创造了世界上最昂贵的印刷书的纪录。曹老师，您在收藏以及谈到对艺术的感觉时，说过要讲第一感觉，我特别想知道您在看到我们这套书的时候，看到这些西方博物艺术巅峰时期的大师精品的时候，第一感觉是什么样的呢？

曹可凡：第一感觉就是四个字：叹为观止。虽然我过去读生物学也读过医学，接触过一些博物学的基础知识。刚才几位专家都说了，从过去的赫胥黎的《天演论》

鹗

翻译到中国以后，一直到上个世纪末能够看到西方博物学不断进入中国。所以我觉得中国人大概对博物学有一些粗浅的认知，但是如此完整地看到西方这么多博物大家留下的精美画片，确实叹为观止。所以我觉得薛老师功莫大焉，做了这么一件非常了不起的事情。这是我看书的第一感觉，我还没有细看，但每一张图片都是可以凝神关注，可以反复地回味。我觉得这个是非常了不起的一件事。

蔡长虹：谢谢曹先生。陈老师是上海博物馆的原馆长，我在想一个问题，我们常说的博物学的博物和博物馆的博物，应该是有区别的，您怎么理解博物学？或者说我们的这样一套博物之旅的书，和博物馆有着一些什么样的联系？

陈燮君：这个问题非常好。首先鸟的世界是鲜活的世界。人和鸟其实有着非常有趣的关系，在很长一段时间，鸟是人的玩物。后来科技发展了，随着仿声学的兴起，人开始向鸟学习，但是本质上还是利用的关系。我觉得今天这本《发现最美的鸟》的意义在于要把鸟的世界看成是生命的世界，把人和鸟的关系看成朋友关系，这点非常非常重要。

讲到博物和鸟，这点也非常有意思。几位老师刚才谈得非常好，也很深刻，我也做了系统思考。其实在博物馆里，是把鲜活的鸟请进来甚至变成标本以后进行展示。很长一段时间内，是把鲜活的鸟的世界，肢解成博物馆的系列意义上的一种鸟的标本、一种鸟的知识。而这套书的意义，我觉得是重新把我们本该是鲜活的鸟的世界、鸟语花香的世界还为了本原。

过几天是每年一度的博物馆日，在这样的节日的前夕，推出这套书，非常有意义。无独有偶，最近我们上海博物馆通过北京大学出版社也推出了世界文明系列丛书，第一本《博物馆与古希腊文明》很精美，有世界文明系列，也有中国文明系列，我想这点可能是英雄所见略同。

到外地旅游最值得去的最向往的就是当地的博物馆，博物馆可以说是人类文明的遗产地。我想慢慢把我们出版的希望聚焦中心，把我们的博物作为一个出版的中心之一。这个我想大概是随着社会发展、人类持续发展，大家自然会有的一种共识，

黄荃的《写生珍禽图》

这本书传递了非常强的信号。博物学是古老的学科，很久远的学科，但是在现时代，通过薛晓源先生主编以后，慢慢融入时代的鲜活。它的意义是可以从不同视角加以体会的。

蔡长虹：谢谢陈老师。其实陈老师您和薛老师都有哲学背景，而且您还是上海美术家协会的理事和上海书法家协会的理事长，还出版过自己的书画集。您能不能从中西艺术的角度，来谈谈我们中国绘画和西方绘画在真与美、科学性与艺术性方面，有什么样的区别?

陈燮君：说到中西绘画艺术的比较问题，在中国绘画史上，尤其是花鸟画方面，有许多作品来自宫廷画院，比如说黄荃的花鸟画、宋徽宗的花鸟画等。中国花鸟画一样精美，也讲究细致地观察。比如说画花时，画家会分别观察清晨带有露水的花朵、中午正午时分的花朵以及下午夕阳西下时的花朵，然后将它们的形态用画笔再现出来。在场的朋友可能看过韩滉的《五牛图》，里面绘制的五头牛形态各异，而且力道感极强，非常符合牛的解剖学特征。所以，从精确和美的层面上，中西方的绘画还是有相同之处的。当然，我国绘画艺术中，还非常注重写意，尤其是水墨画，和工笔的花鸟画有着明显的区别，例如八大山人的作品。其实，西方绘画作品中也有写意的，例如毕加索等，我们一般称之为印象派画家。总体来说，中西方绘画都有客观的一面，也有奔放写意的一面，两者其实有许多值得彼此借鉴的优点。

所以我想，这套书的出版，对我们美术爱好者和研究者来讲，应该说也是一个福音。特别是对画花鸟画的人，这套书提供了非常非常好的客观描绘的对象。刚刚离我们而去的著名连环画家、线描大师贺友直先生曾经说过，“绘画没有什么特别的诀窍，要绘制出好的作品，无外乎要注意两点——发现和比较”。我们面前的这两本书分别叫《发现最美的鸟》和《发现最美的昆虫》，这两本书的出版对于绘画研究爱好者来说，在发现和比较方面提供了极大方便。

蔡长虹：谢谢陈老师。通过这套书，也让我们认识到，在今天这样一个自然环

《苹婆山鸟图》

韩干的《照夜白图》

宋徽宗的《桃鸠图》

境和社会环境下，回归自然、保护自然显得尤其重要。比如说现在很多人都有一种自然缺失症。可能你每天看到的花，比如说台子上摆的花，你叫不出来这个花是什么名字。对于一个不懂植物学的人，他关注植物的点就在于：能吃吗？好吃吗？怎么吃？特别想请教一下曹老师，作为倡导健康生活的都市人，您有着什么样的自然情怀？作为一位一举一动、一言一行都有倡导示范作用的媒体人，您希望我们的社会和自然之间建立什么样的相处方式？

曹可凡：谢谢，这个题目实在是太大了，可以做博士论文。但是是一个特别好的思考方向。我想可以借用一下季羡林先生说的人类要处理好三个关系：你和自然的关系，人与人之间的关系，人与自己内心的关系。像刚才你说的那样，今天的人们轻视自然的时候，会遭到自然的报复，比如我们喝的水、呼吸的空气。所以说要处理好这三个关系。

另外，补充下陈馆长刚才说的，关于中国跟西方之间对于博物学的概念。博物学应该是近代科学概念，中国古代人显然没有博物学的概念。但刚才陈馆长提出的一点非常重要。其实中国绘画科目，会有花鸟跟走兽，有不同科目。其实我们去看敦煌的壁画甚至史前的绘画已经对动物有非常精准的描绘。中国的关于动物的绘画，花鸟的绘画，实际上从古代就开始了。

陈馆长刚才提到了黄荃，黄荃有一张非常有名的画《写生珍禽图》，里面 9 种鸟类、12 种昆虫、2 种乌龟，这些动物之间是没有关系的。显然这张画是一个科图稿，老师给学生讲鸟怎么画、昆虫怎么画、乌龟怎么画。所以当时人们对于鸟类的解剖、昆虫的解剖一定是非常精准的。

刚才馆长提到了唐代韩滉的《五牛图》，唐代还有一张更有代表性的画作，那就是韩干画的《照夜白图》，画其实很简单，就是一个木柱子拴了一匹马，这匹马是静止的马，但是生机盎然，依稀可见骨骼和肌肉的结构。

中国人都觉得，好像我们中国人画画都不太精准，三笔两笔画，过于写意。但是写意画不代表画家不重视解剖，中外画家都是一样。我看过一个材料，当时有一个学生，去看来楚生先生画动物，来先生画的青蛙都非常生动。他在家里养了许多青蛙，学生对此不太理解，因为来先生的画很少写实，多为写意画。来先生解释说，虽然自己的画以写意为主，但仍需要研究青蛙的身体构造。西方的印象派画家其实也是如此。我的一个朋友，上世纪 80 年代在美国画廊里边做绘画修复工作。有一天画廊送来一批德库宁的抽象画，我们都以为德库宁是随便画的。那天他拿了一堆德库宁的样稿，从样稿开始，我们看到了他怎么从最写生的一匹解剖马，不断变形变到你最后看不出来这是一匹马。中西方画家都一样，也许博物学是近代 19 世纪末从欧洲传过来，但其实中国从古代开始，他们就有了对动物的精准描绘和细致的观察。刚才薛老师讲的，庄子说“天地有大美而不言”，为什么中国有“天人合一”的想法，实际上对于人类和自然界的关系，人类对自然界的观察描述是一以贯之，

《霜篠寒雏图》(作者不详)

数千年来都是如此。

蔡长虹：太精彩了，感觉像是上了一堂艺术课！我们这套书有美轮美奂、叹为观止的美意。这套书美，又不止于美。比如说，这个书可以让我们感受到在地理大发现时代的万物的丰富和神奇。书中有喜马拉雅山的珍稀鸟类，美洲的鸟类，火地岛的鸟类，还有灭绝的鸟类，等等。今天看到这样的书也可以说是博物学的绝唱。我们感受到美的同时，也真心地希望这样的美不只是画中能够看得到。想请教薛老师，像这样的大发现，您是怎么看待的？我们应该如何善待万物并保护它们呢？

薛晓源：关于这个问题，我想起钱锺书先生在《谈艺录》讲人生三个境界：第一个是人事之法天，我们讲的是从亚里士多德到布封的人文博物学对自然的理解和

李成的《寒鸦图》

欣赏。第二个是人定之胜天，讲帝国博物学，从班克斯到“中国威尔逊”，帝国以索取为目标，对自然的压榨。第三个是人心之通天，就是现在的自然博物学，讲认识自然，理解自然，关心自然，敬畏自然。这是我们在这个全球化的时代，我们理解博物学的人生三个境界。也是钱先生讲的学与术的三个境界。

曹可凡：我插一句话，我前几天正好看到篇文章，里面提到一个非常有名的作家——纳博科夫。他说如果没有“十月革命”，也许他一生就是昆虫学家。他当年在剑桥三一学院，学的就是昆虫。他在回忆录里讲到，他每天早上印象最深的就是长长的窗户里射进来的第一缕阳光，当他看到第一缕阳光，他首先想到的就是蝴蝶。后来人们统计过，他所有文学作品当中，提到蝴蝶500多次，由他发现和命名的蝴蝶，有20多种。他去世以后有4000多个蝴蝶标本赠送给了哈佛大学。我当时在手机看到一部分，我希望薛老师能够花点钱把这个图片买回来，看看一个文学家跟昆虫的关系、跟自然的关系。

蔡长虹：我们都期待，纳博科夫不仅是文学家也是博物学家，我们这套书也得到了著名文学家、诺贝尔文学奖得主莫言先生，诺贝尔物理学奖得主杨振宁先生和书画家范曾先生的推荐。因为我们现场没有办法聆听三位大师讲述他们的博物情怀，只好请薛老师讲讲，当时把这些书送给三位先生的时候，他们是如何评价的呢？

薛晓源：这本书一出来以后，商务印书馆说，我们那么好的东西怎么展示给读者？能否找几个大家给推荐一下？我当时两年前参加了杨先生、范先生和莫言先生在北大举办的科学与文学对话，当时影响非常大。当年北京高考作文就是以这个题目命名的：手机的故事。当时莫言先生和范曾先生问，当代世界最奇异的一件事是什么？大家认为是手机。千里眼顺风耳，我们在《封神演义》中梦想的东西在这个时代实现了。我想能不能请范先生推荐一下，当时去范先生家，有点惴惴不安，我拿给他看的时候，他很惊讶，天底下竟然有这样的精灵，并马上写了推荐语。我又说，这本书如果莫言能推荐就更好了，莫言的小说《丰乳肥臀》中有对鸟类细致入微的描述。当时范曾先生就说，我给你写一封信，你拿着去拜访莫言先生。我拿着这封信敲开莫言先生的家门后，莫言先生说我愿意给你写推荐语，但是我要先看这本书。他用一个小时认真看完后，评价叹为观止。他说鸟是人类的朋友，亦是科学与艺术的灵感，并在一张白纸上用钢笔亲笔题写后送给我。我告诉莫言先生这套书不光是鸟，鸟兽虫鱼都有，所以麻烦您还得改一下。旁边有人说，你胆子挺大，敢让诺贝尔奖获得者改文章。莫言先生重写道："鸟兽虫鱼是人类的朋友，亦是科学艺术灵感的源泉。"我拿给范先生看，范先生说如果杨先生也写几句话就更有意义了。结果我们又请了杨先生去写，杨先生人非常好，看完以后觉得这是一个很好的事情，就认为西方的博物学走在我们前面好几百年了，尤其是奥杜邦父子，他们画的鸟类美轮美奂，我们应该奋起直追。所以他写了一个寄语，寄语年轻人要喜欢博物学、学习博物学，走近大自然。

蔡长虹：这场对话是一场舍不得结束的谈话，但是时间关系，我们已经分享了几位嘉宾非常精彩的对谈，值得我们下来以后细细琢磨，琢磨我们应该怎样去感受这种博物知识的真，博物艺术的美。以及怎样去认识我们现在可能还缺乏的善，善待万物、善待自然，其实也是更加善待人类自身。谢谢大家，今天活动到此结束，谢谢！

发现最美的自然

——与孙周兴先生对话

徐惟杰（主持人）：现场的读者朋友们，大家好。接下来的座谈题目叫作“发现最美的自然——当我们在谈论博物时，我们在谈论什么？”我们邀请到了同济大学的孙周兴教授以及商务印书馆《博物之旅》丛书的主编薛晓源先生。接下来，我们首先有请孙周兴教授说一说，当我们在谈论博物时，我们在谈论什么？

孙周兴：我是搞哲学的，对博物学没有研究。但是我相信，最早意义上的博物学就是自然哲学，就是对自然的探讨和对我们身边的事物的研究。可以说博物学最早的意义上是自然研究和自然哲学，到近年又变成了科学，这样把博物学给“消灭”掉了。今天我们可能需要另外一种意义上的博物学，我称之为艺术的或者人文的博物学。

徐惟杰：薛老师您怎么看？

薛晓源：最早意义的博物学就是哲学，从古希腊时期开始，亚里士多德的弟子狄奥弗拉斯图做博物学研究，便把哲学和博物学结合在一起。后来科学逐渐发达以后，博物学逐渐衰落了。但在这个时代，人要回归自然，我们有钱有闲了之后，我们要和自然共处，欣赏天地之大美，所以我们要回到博物学来。以传统博物学的观点，我们每个人都可以是博物学家，每个人都可以欣赏天地大美，每个人都可以和鸟兽虫鱼打交道。我们这本书就是把西方三百年来最美的东西系统地梳理、分类和整理后奉献给大家，让大家感受一个美的启蒙和美的历程。

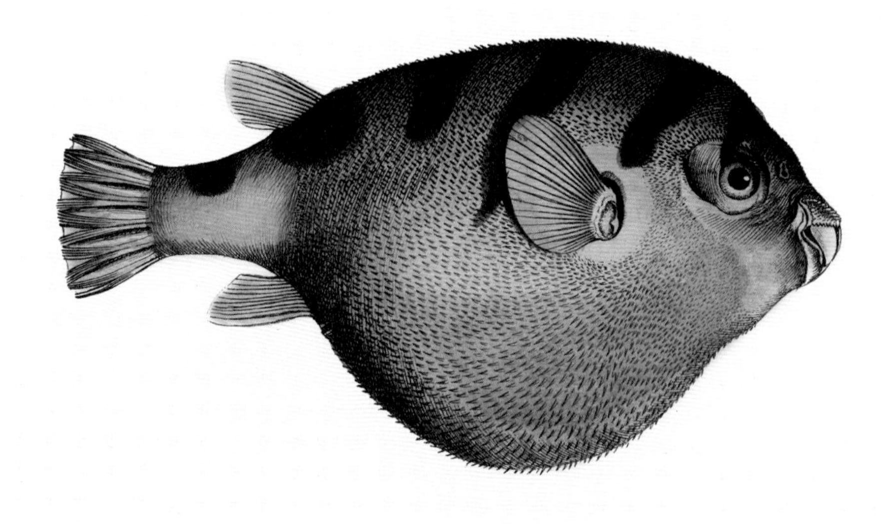

点条方头鲀

徐惟杰：两位老师说得特别好，过去的博物学和今天的博物学特别不一样，大家都知道，我们现在处在一个信息特别充沛的时代，我们获取信息的手段也无与伦比得方便，我们查个花鸟鱼虫上网查一下不就行了吗？为什么我们还要花这么大的力气出这么美的书来做这件事呢？

薛晓源：因为这些东西以前都是西方的贵族玩的，大航海时代到来以后，包括班克斯在内的西方博物学家和探险家把世界各地最好的东西带回了欧洲，比如说喜马拉雅地区的植物、新几内亚岛上的天堂鸟等。在当时那个时代，这些精美的东西大多成了贵族的收藏品，但现在随着科学技术和互联网的发展，一些藏品被转换成了影像并在网络上流传开来。不过，网络上流传的大多数还不是特别清晰，我便特意从博物馆以及西方的一些藏家手里购买了大量的高质量的复刻品和图片，然后请了翻译家进行编译、梳理，把其中最好的、最美丽的奉献给大家。

昙花

徐惟杰：这本书的确非常精美，大部分的图片都是以前西方博物学的手绘，而不是拍一张照片那么简单，这里面都是特别美的东西，谈到植物，请孙老师结合您的《没有花我们怎么办》说一说，今天看到这么多花我们怎么办？

约瑟夫·班克斯

孙周兴：前两年我出版过一本书《没有花我们怎么办》，今天我们的自然生态越来越差，另一方面我们精神上也是这样，没有梦想、没有理想。当时我们艺术家和诗人觉得这个主题很有意思，便创作了这本书。薛老师这个事情也很有意义，今天我们跟花草树木以及自然的接触已经变得越来越不透明了，可以这么说，今天我从家里出来到现在为止我还没接触过自然，我还没接触过树。当然看到过树，但是我是走在人工造的物质环境里面，这个时候我们需要博物学。刚刚薛老师有句话说得特别好，人人都可以是博物学家，我们去旅游，我们去爬山，我们去亲近自然，实际上我们就是在做博物学的事情，这本书的意义便在于比。虽然我跟薛老师只是第一次认识，但我知道他搜集了很多西方文献的图片，并把这些图片呈现给我们，这本来就是一个在艺术方面很有价值的事情。

徐惟杰：这本书的确是图文并茂，每一张图片上都配了一小段精美的文字，而且不是特别学术，我最怕看半天全是十分专业的东西，但这里面讲得言简意赅，而且很美。请问薛老师，您出这本书，是想做天地的代言人吗？

薛晓源：不敢说，庄子说“天地有大美而不言，四时有明法而不仪，万物有成

梅里安（克莱默将其画像放在了自己的书籍扉页上，以示致敬之意）

理而不说”，天地大美呈现的东西我们真是无言描述，但是这些博物学家们还是费劲心血，比方说达尔文在环球旅行，过了 57 个月，带回了大概 10 万个动物、植物和海底生物的标本，《发现最美的昆虫》里面有一个 40 多岁的女人梅里安，在 18 世纪初在苏里南进行了 21 个月的探索。他们不畏艰险，置生命于危险之中，有的人不幸命丧黄泉。他们愿意用自己的心血、生命和他们的笔法妙笔生花，呈现天地的大美。

大白长尾凤蝶（1）和马赛指凤蝶（2）

徐惟杰：能不能再给我们详细介绍一下，我觉得这样一套书特别适合孩子看，但是我刚才翻了翻，也特别适合大人看，您介绍一下这本书适合什么人看？孩子看该怎么看？我们成年人看又该怎么看？

薛晓源：这本书可以说比较适合亲子阅读，它并不是一个纯粹的学术书，我们从西方最经典的著作中进行了梳理、分类，然后精心编译，把最精彩的瞬间和片段进行系统地梳理和分解，所以它并不是枯燥的，它是有味道的、有故事的、有情结的，每个人看到都能找到你最兴奋的点，所以这本书很有意思。在欣赏精美图片的过程中，给你讲一个故事，讲一个探险的故事，讲一个发现美丽的花、发现美丽的鸟、发现美丽的昆虫的兴趣盎然的故事。我相信孩子们看了以后会很感兴趣，我举一个例子，我送了一本书给一个著名的画家，他的孩子当时只有六个月大，孩子看了那个昆虫哇哇大叫，爱不释手。画家朋友告诉我，他放了好多书和好多物品，结果孩子就抓了这一本书——《发现最美的昆虫》，特别有意思。所以我们把最美的东西呈现给大家，让大家去领略这个美，感受博物学家们发现美时的故事，那种情节、惊喜、奇特。

徐惟杰：接下来请孙老师说说，您刚才说《没有花我们怎么办》，今天我们的博物学或者人越来越不接地气了，不接近自然了。有的人说我就是分不清韭菜和小麦，但是我活得挺好。您告诉他，如果他懂得更多的博物学，能够看到更多自然之美的东西，这些会对我们城市人的生活带来怎样的改变？

孙周兴：我们现在生活环境的变化，是我们技术制造的物品的反馈，我们对在自然环境生长下的东西没有太多感触。因为我们的生活当中，我们没有看到自然的东西，只是看到技术的东西。这里面有一个问题，就是自然的物品是有差异的，而技术的物品是没有差异的。比如说两个杯子，我们感觉唯一的差异就是空或者是满的。但是自然界里所有的事物，是自然生长的东西，我们可以说没有两片树叶是一样的，它是有差异性的。所以我们的感受，我们人的经验方式和感受能力，正在发

玳瑁

生变化。我们不能说好不好，但是我们需要通过博物学要重述一种东西，我们要通过博物学对我们的感性重新定位，恢复我们对事物的感受能力。实际上刚才讲的我们要用心去感悟我们感知的对象，我想至少在重建我们对事物跟自然的关系，博物学是值得关注的。什么是博物学？博物学有什么用？这是我们今天时代的问题。

徐惟杰：博物学这三个字，最近感觉在报端或者在网络上看到的频次不是那么多了，我刚刚看这本书时也有一个感触，这里面大部分的图片都是一笔一笔画出来的，我们今天的人看起来会觉得非常低效，抓一个鸟拍个照片就可以了嘛。但是我们看到这些图片，确实能感受到过去人和现代人工作方式的不同，他能静下心来画鸟或者画一个植物，这些都可以让我们反思。包括刚才薛老师说，我们重新去看博物学，是去欣赏它美的一面。就像当初我们照相技术的发明，我们担心所有的画家会饿死一样，但是我们对画家和艺术家的期待更能转向为审美方面。请问薛老师，博物学带给我们美的感受是怎样的？

小极乐鸟

薛晓源：刚才徐老师讲得特别好，我所出的这些书都是完全手绘的，有的人绘一张图费时三个月或者一年，有人在显微镜下去绘画。博物学要回到我们原初的经验，博物学家们用他们最精心的笔触，描绘了他们当时体验最美的东西时的感受和经验。胡塞尔说，最丰富的感知在博物学中得到最完美的体验。现在有了摄影技术以后博物学衰弱了，但告诉大家一个好消息，英国一个最著名的博物学杂志，它在19世纪末摄影技术发达以后开始衰落了，不用手绘图片了，也不用画家的画了，用摄影图片了，但是大概五年前，读者开始厌倦摄影图片，为什么呢？他认为图片太快了，我们拍一秒该拍下来了，没有温度、没有感情、没有观众，所以杂志现在又重新恢复了手绘图片。所以在这个时代，在数码相机一统江湖的时代，我想我们这些大师手绘的图片，给我们带来的感知和温度你们应该体会得到，你们应该回到大师们所感受到的最原始的、最美好的、最初的那种感受。

徐惟杰：我刚刚翻这本书的时候也有这感觉，看照片的时候翻过去就过去了，看手绘图片的时候会看很久，而且看久了会发现不同的细节，手绘图片带给我们的感知和温度确实不一样。这样的一套书不可多得，薛老师给我们讲一下接下来的出版计划。

薛晓源：我们已经出版了四本，《发现最美的鸟》《发现最美的昆虫》《发现瑰丽的植物》和《发现奇异的动物》，还有一本就是《天堂鸟》，在今年年底问世，我相信大家到时候能得到美的启迪、美的洗礼和美的历程。

徐惟杰：我们今天的对谈到此结束，谢谢两位嘉宾，也感谢现场的读者朋友们。

复活人类300年的自然记忆

——《读书周刊》访谈录

博物学孕育了现代意义上的天文学、地理学、生物学、气象学、人类学、生态学等众多学科，然而，在一切唯互联网论的当下，博物学不仅被边缘化，更似乎成了一种认识世界的过时的方法论。

商务印书馆却在数年前开启了一场“博物之旅”，推出《博物之旅》丛书，欲以十年之功，出版百部西方博物学经典之作。既是“没落”的学科，为何还要以丰沛的创意、精心的设计、优良的印刷“复活”人类300年的自然记忆？

为此，《读书周刊》专访丛书主编、哲学教授、美学家薛晓源。在他看来，这是与自然对话的一种方式，而与自然对话共生，始终是人类的来路。

出书的底气

《读书周刊》：《发现最美的鸟》与《发现最美的昆虫》同时亮相，颇为惊艳。两本书除汇集了西方博物学巅峰时期的鸟类学与昆虫学经典著作之外，插图之精美，令人叹为观止。要对西方博物学经典著作做精选汇集，首先需要占有大量的原著资料及大量的高清博物绘图，您都是怎么得到的？

薛晓源：先说书的缘起吧。2012年春节，我逛书店，无意间发现商务印书馆出的一本《发现之旅》，封面是大博物画家迪贝维尔绘的绿色鹦鹉，书里有大量精美的插图。我欣然购入，回途车上就急急地读起来。越看越觉得此书似曾相识，原来我在国外买过这本书的英文版，只不过原版是铜版纸印制的8开异形本画册，美则美矣，于阅读和携带是不便的。中文版改为纯质纸版，手感好，分量适中。博物学

星鼻鼹

新几内亚极乐鸟

书籍、图册原是旧欧洲皇室贵族的把玩之物，商务印书馆的“改编”让我意识到，原来它们是可以“飞入寻常百姓家”的。

《读书周刊》：可以有赞叹、受启发，但要将心动付诸行动，还需诸多客观条件。

薛晓源：这就不得不说我的一个特殊爱好：收藏博物学书籍。

2005年的初夏，我在美国洛杉矶参加完一个国际研讨会，马上去纽约老书店淘旧书。在全世界淘旧书，尤其是淘带插图的旧书，是我的一个习惯。我对书有一种“执念”：图书图书，就应该是图文并茂的。我到处搜寻有插图的书，遇到精美者就淘。我对生活的要求很简单，吃饱就行，钱都花在淘书上面了。早前我从德国留学归来，淘来的书装了10箱，500多册。当我在纽约旧书店快意畅游时，一本奥杜邦的《北美的四足兽》映入眼帘。奥杜邦的绘画是我神往已久的，当日遇到真觉名不虚传，书中的动物十分奇特，很多是我所未闻的。我不知不觉站着看了一个多小时，直到书店老板过来问我到底买不买，我才如梦初醒，赶紧掏钱买下。这是我收入的第一本博物学书籍，从此之后，一发不可收。

《读书周刊》：但彼时还未动过出书的念头？

薛晓源：没有。是那本《发现之旅》触发了我。

此后不久，我去参加伦敦国际书展，抽空参观了英国自然博物馆，不仅看到了丰富的动植物标本，也看到许多博物绘画，真让我有“一日看尽长安花”的快感。那次行程最大的收获是，我在伦敦一家旧书店买到了英国鸟类学大师古尔德的代表作《新几内亚和邻近巴布亚群岛的鸟类》一书。书是第一版的复制版，距今有60年历史。这本书给我带来了好运，我逐渐收集到许多关于鸟类的专著，之后是昆虫类的。我开始有意识地按主题收集。除了1000多册纸质书，我还藏有近百万张博物画的电子文档。它们是我出书的“底气”。

八大山人的《古木双鹰图》

《读书周刊》：作为丛书主编，您对丛书未来的规模有何“野心”？

薛晓源：“野心”很大。计划出100部，每年10部，10年完成。《发现最美的鸟》汇集了13部鸟类学著作，《发现最美的昆虫》汇集了12部昆虫学著作，书中只摘了原著中最精要的内容，未来我们将陆续把这些原著完整译出。有人说现在这两本书像欧洲足球赛的“射门集锦”，接下来我们就要让大家看完整赛事。

博物学家的傻气

《读书周刊》：对中国人来说，博物学是个比较陌生的学科吗？

薛晓源：中国虽然远有《诗经》《楚辞》《水经注》，近有季羡林的《蔗糖史》，

林鸳鸯

但始终没有形成独立、系统的博物学学科。这和东西方治学传统有关。中国人着重探讨伦理秩序，西方则更关注客观秩序、价值秩序与审美秩序。比如八大山人笔下的花鸟，是供人欣赏的，不是用来做科学研究的。

西方博物学与博物绘画则源远流长，最早可以溯源到公元前16世纪希腊圣托里尼岛一间房屋上的湿壁画，现存于雅典博物馆，画面上百合花和燕子交相融合。古希腊亚里士多德和弟子狄奥弗拉斯图曾写过《动物志》《植物志》，其中也有对气候、山脉的描述，但可惜只有文字，没有绘图，更没有对动植物分类、命名和研究。直到17世纪，瑞典博物学家林奈出版《植物种志》，首次对生物采用“双名法”分类，对植物按生殖器分类，从而结束了动植物分类、命名的混乱局面。至此，博物学正式成为一门独立学科。

《读书周刊》：如何定义博物学？

薛晓源：博物，通晓众物之谓也。《辞海》里说，博物指“能辨识许多事物”。博物学是人类与大自然打交道的一门古老学问，也是自然科学研究的四大传统之一，现代意义上的天文学、地理学、生物学、气象学、人类学、生态学等众多学科，最初都孕育自博物学。

《读书周刊》：博物学家是一群什么样的人？

薛晓源：历史上著名的博物学家有亚里士多德、狄奥弗拉斯图、布封、林奈、达尔文、法布尔等，还有人们熟知的哲学家卢梭、歌德、梭罗等人，其实同时也是博物学家。中国也有过一些博物学家，如沈括、徐霞客、李时珍等。

博物学家往往穷其一生，在荒野之中，与鸟兽为伍。他们中有些人不仅是博物学家，还是诗人、文学家、画家，300多年来，他们用科学的态度、优美的文字、精美的绘画，为人类留存美好的记忆。

我一直想选编一些博物学家的传记。他们身上似乎有股“傻气”，而这股傻气，

盧梭
唯獨在這些孤獨
和沉思默想的時
刻，我才是真正
的我，才是和我
的天性相符的
我，我才既無憂
煩又無羈束。
法國大哲學家盧梭
先生如是說丁酉年
澄明齋主薛曉源寫

卢梭

大海雀（已灭绝）

正是今天的我们所欠缺的。

保护生态的志气

《读书周刊》：因为学科的分化及向纵深发展，博物学在今天已然衰落，为何还要“复活”这些经典之作？

薛晓源: 在博物学被边缘化了的今天，我们为什么还要做这么一项浩大的工程？杨振宁先生的推荐语是一种很好的回答。他说：“我希望这套新书的出版能唤起许多读者，尤其青年读者们的兴趣。”我想还得加上少年，是要唤起青少年读者的兴趣。有哲人说：哲学起源于惊讶。科学何尝不是？我希望这套丛书能把孩子从书桌边吸引到大自然里去，能激发起孩子们对自然的兴趣、对科学的兴趣。

《读书周刊》：对生活在钢筋水泥森林中的成年人而言，大自然又何尝不是一种渴望。

薛晓源：为什么一到春暖花开，人们就要去看油菜花、樱花？为什么秋风一起，人们就要到香山赏红叶？人天生就有亲近自然的本性，因为人就是自然的一部分。西方浪漫派说，人是蓝色的兽，因为蓝色是浪漫派的主色调。说人是“兽”，不是指动物性，而是指那种原始的生命力。我们看书，看书里的鸟兽虫鱼，它们的背后是蓝色的天空，是我们人类的来路。

以前我们基本上都是在解决吃饭、穿衣等生存问题，想的不是认识自然，而是改造自然。现在，我们进入了一个文化发展的新时代。我们要思考，人与自然到底是什么关系，我们的发展到底是为了什么。

人可以选择从恶，可以选择从善，具有很大的自由性。但人的自由是自然之下的自由。不管时代如何变化，一定要尊重自然。

《读书周刊》：我们已经尝到了不尊重自然的恶果。

红疣皇鸠

薛晓源：国际鸟类联盟最新一份研究报告指出，全球八分之一的鸟类——1300多种鸟面临着灭绝危机。一些科学家预言，伴随着温室气体的持续排放，海平面逐渐上升，很可能未来人类将听不到鸟的叫声。同时，人类自身的生存也将面临巨大威胁。

不仅是《发现最美的鸟》和《发现最美的昆虫》，还有即将出版的《发现瑰丽的植物》《发现奇异的动物》和《发现神秘的水生生物》，这些书中所描绘的一些动植物，在全球化、工业化的今天已经绝迹，还有一些则濒临绝迹。所以，我期待读者看书时，在惊叹、赞叹其大美的同时，更能激起对自然生态的保护欲。

《读书周刊》：您是研究哲学的，重点是西方马克思主义，这样的学术背景，对您观察博物学有何影响?

薛晓源：同时我也研究美术，也画画。西方马克思主义者认为，在打破了一个旧世界之后，应该用美来建设一个新世界，这就是美的乌托邦。他们认为，只有美和艺术，才能对抗现代人道德的沦丧，进行自我救赎。海德格尔为我们提供了一个很好的思想导语，他说，人与自然相互的联系是用来拯救人的。海德格尔的老师胡塞尔认为，完全可以用具象的东西来展现抽象的思维，这个具象的东西就是美学，就是诗意的生活。

我的工作室在北京香山，我每天在鸟儿的鸣叫声中醒来，抬眼就能看到窗外的香山，一片葱郁。那一刻，我觉得自己是自由的。美即自由。

博物学的复兴之路

——《澎湃新闻》访谈录

国画大师范曾的弟子、中央编译局研究员薛晓源十多年以来一直致力于博物绘画的研究和博物学书籍的收藏，在他看来，博物学以及与之密不可分的博物绘画对人的科学的苏醒和美学的苏醒大有裨益，因为“它们呈现了一个正在和我们渐行渐远的有意义的生活世界”。

提起“博物学”，不少人可能觉得既熟悉又陌生。“博物学”一词最早是日本人对Natural History的翻译，后来在清末时传入中国。博物学在一开始涵盖了动物学、植物学、矿物学和生理学等学科的研究，但后来随着学科的细分和专业化，这些科学逐渐从博物学中脱离出来，成为独立的学科，而博物学本身却慢慢被学界所遗忘。

在博物学的构成部分中，除了科学研究的部分，还有一个非常重要的组成部分，那就是博物学绘画。据薛晓源介绍：“西方博物绘画源远流长，最早可以溯源到公元前16世纪希腊圣托里尼岛上一间房屋上的湿壁画，现存于雅典国家博物馆。1530年奥托·布朗菲尔斯的《本草图谱》出版，从此博物图谱风靡欧洲。”同样，伴随着学科细分和照相机的产生，博物绘画在20世纪出现大幅衰落。

不过近几年，博物绘画又开始重新回到公众的视野当中。一方面，博物学的原著和博物绘画原版书在艺术拍卖市场上价值斐然，例如2010年，19世纪最著名的博物学大师奥杜邦的博物学著作以1150万美元的价格拍卖，据说创造了世界上最昂贵的印刷书纪录。另一方面，近几年国内翻译和原创的博物学著作也在增加，例如商务印书馆出版的译著《发现之旅》和《伟大的博物学家》，还有中国青年出版社出版的《通用博物学图典》、北京出版社出版的《博物学经典译丛》以及北京大学哲学系教授刘华杰的著作《博物学文化与编史》，等等。

日前，薛晓源主编的《博物之旅》系列丛书由商务印书馆出版，其中收录了大

红极乐鸟

疣鼻天鹅

量珍贵的博物绘画。薛晓源说，这些博物绘画最初的时候只有在皇室贵族家中才能看到，而现在通过新的出版方式，让普通老百姓也能看到这些精美的作品。

近日，《澎湃新闻》（www.thepaper.cn）就博物学的发展历史和博物绘画的审美价值等问题采访了薛晓源。

《澎湃新闻》：您的老师范曾怎么看博物绘画？

薛晓源：我第一次给范先生看古尔德绘制的天堂鸟，他说天堂鸟真是天生尤物啊，没想到西方人画得那么好。范先生长期在法国，接触过这些东西，但是没有特别钻研和特别关注。而他之前接触的大部分是普通的博物绘画，我拿给他顶尖的作品看，他看了以后很惊讶，就说："莫言得其灵感，吾则得其范本。"就是说他绘画有个模版了，可以更好地激发他去创作。

范先生是画天鹅的高手，我们都喜欢天鹅。我还要出一本书，就是我收集的60张世界大师级的天鹅手绘画，天鹅的优雅是在碧波蓝天里的高雅，是任何一种物种所不具备的。范先生说中国画家是可以在博物绘画里面汲取无限灵感的。莫言也说："鸟兽虫鱼是人类的朋友，亦是科学艺术灵感的源泉。"范曾先生说："莫言先生在《丰乳肥臀》当中对那些鸟类描述非常真实生动。"我说："是啊，他对博物学感兴趣，喜欢猜测、模拟这些植物动物的想法，并用自己的语言重新描述。我最近看了莫言先生的很多作品，他对动物和植物的描写都有自己独到的灵感，把拉美魔幻现实主义和这些博物知识融合在一起。他自己总是很谦虚地说没有深入的研究，但我认为他已经深得其精髓了，把西方的象征主义手法和魔幻现实主义糅合在一起，活灵活现地展示了这些动物。"

《澎湃新闻》：您在《博物之旅》的序言中讲到博物绘画在20世纪衰落，这是因为照相机的使用吗？

薛晓源：首先是各个学科分类越来越详细了，博物学这个学科逐渐式微了，物

小极乐鸟

理学、化学、生物学、动物学、植物学、天文学、矿石学、宇宙学这些很细微的研究学科都建立了，所以博物学相当于被划分掉了。

其次，博物绘画衰落和摄影技术的发展有关，人们可以通过摄影和摄像技术展示出很好的、清晰的图片出来，所以博物绘画就逐渐式微了。但是现在也有人在做，不过比较少，没有引起别人的关注。

《澎湃新闻》：您还提到在 20 世纪下半叶博物绘画又开始复兴了，这是什么原因呢？

薛晓源：因为专业的分类把作为一个完整的人限制了，人也被各个学科的界限壁垒所限制了。人变得不是一个完整的人，学工科的就只懂工科，不懂艺术和文化，同时学艺术的对科学也完全不了解。所以专业的壁垒越来越深，而且相互之间越来越无法理解。个体完全是个破碎的人，或者像马尔库塞说的完全是个单向度的人，即人的身份越来越单向度，人成了单面人。

《澎湃新闻》：不过最早的博物学家进行科学探索的时候，他们也是用专业画家来进行博物绘画的是吗？

薛晓源：是的。他们是专业画家，他们也是靠手绘来创作的，手绘可以把植物和动物的质感都表现出来。我们现在看到照相机拍出的图片都是平面的，它们只能把某一个维度和向度的东西表现出来。手绘的丰富性表现在其立体感、背景和环境等，而照片基本上是平面的东西，或者是没有温度的，而且即使当时照相水平不是特别高，但可能也是在几分钟之内就完成拍照，不可能像博物学家那样去长久观察和凝视。植物学家可能花一两天甚至几个月的时间画一株植物，在野外一待就是好几天。现在我们没有这个耐心，虽然照相机使速度加快，但人对自然不再进行耐心细致的观察、描绘、分类和命名。

还有就是科学突飞猛进以后，人们发现新物种的热情降低了。以前博物学家去

腰果

了很多地方，可能是大的公司、财团、皇室贵族和军队的需要，也有他们的资助，可以耐心细致地进行地理学和考古学等各方面的探索。而我们现在拍一拍照片就走了，没有这种热情、温度和后面的人文关怀。举个例子，我大概 2012 年去的非洲，在那里我拍了几万张图片，但我回来后基本上没有看过。为什么呢？相机太快了，啪啪一拍，只是一个记录而已，根本谈不上去分类研究，所以可见高新技术给这个社会所带来的浮躁。

这个世界不应该只追求速度，而应该讲究慢节奏和慢生活，慢慢地欣赏生命的价值和意义，但我们却缺少对事物的凝视和关怀。现在出现了快节奏的摇滚乐，其实摇滚乐也是一种表现方式，它是年轻人对生命具有的澎湃激情，但是澎湃的激情之后呢？我们应该对现在的生活世界有所凝视和观察，应该有详细的、深入的热情和关注，把自己对生命的热情都通过与博物的打交道和欣赏中体现出来。所以我觉得博物学有复苏的迹象，在城市的钢筋水泥里，在重重的雾霾中，在充斥着核战争压力、暴力和毒品的世界中，博物学给大家打开了一扇窗户，也建了一座桥，让人们走向大自然、趋近大自然、走进博物馆，去理解人类几百年尘封的美好记忆。

《澎湃新闻》：现在复兴的博物学和之前的博物学是不是不太一样？

薛晓源：以前的博物学发展得很快，是指对新鲜事物的猎奇、捕捉、分类和研究，而现在复兴的博物学是指从科学史、文化史、自然史、学科的建构史等角度重温往日的辉煌。对博物的历史进行梳理，让人们知道这个繁杂的世界中还有博物学家和博物绘画学家，把他们那种对自然的凝视和热情重新调度出来。

我总结了博物学的三个阶段：第一个是人文博物学，从亚里士多德到布封，一直到 17 世纪，都算是人文博物学，学习自然而不是索取和霸占自然。后来英帝国和列强去海外拓疆，派人去寻找各种各样新奇的东西，班克斯、达尔文都是受他们雇佣的，去强取豪夺，这是帝国博物学阶段。到 20 世纪以降，从史怀泽到卡森在《寂静的春天》中提出我们对自然不能这么索取压榨开始，要敬畏自然，人们便慢慢开始尊重自然和回归自然，这又是自然博物学的阶段。博物学的这三个阶段，每个阶段关注的角度都不一样。

《澎湃新闻》：现在国内有从事博物绘画的专业人才吗？

薛晓源：有，但很少。我听说中国科学院植物研究所，现在硕果仅存的大概三四个人，做植物学的绘画。但可喜的是有很多年轻人、很多业余爱好者走进大自然，之前有一本《深圳自然笔记》出版，还有很多人有一定的绘画基础，自己进行博物绘画。中国科学院植物研究所举办的自然绘画的讲座，报名的人很多。令人惊讶的是多是 17 岁到 20 岁左右的年轻人和退休的老人来报名，像我们这个年纪的人比较少，可能因为中年人事业比较忙碌，没有时间去关注自然和博物学。还有就是像我和刘华杰这样的学者在呼唤大家关注博物学，希望很多中青年来关注博物学，因为如果能够借助他们不同的知识背景和学科背景，或许可以引导博物学向健康、有序的方向发展。

《澎湃新闻》：那国外的博物绘画发展如何？

薛晓源：20 世纪以后有名的人就比较少了，不过英国的《柯蒂斯》杂志也开始恢复博物绘画了。他们中间有个断层，手绘都变成摄影作品了，但最近十年又恢复手绘了，据说是由英国的王子资助的。现在博物学又开始博兴，引起了人们的关注。西方有一部分的人也在怀旧，所以博物学在被怀念之后又开始发展。像英国的皇家植物园——邱园，也在雇佣画师绘制其中新的植物品种。

从博物绘画的出版来看，英文、德文和法文都在不断地推陈出新，把传统的东西用新的形式去大量复制出版，另外原版的书也在重新翻译，这两个现象都值得我们关注。

《澎湃新闻》：《发现之旅》中讲到虽然博物绘画中的动物都栩栩如生，但其实这些动物当时成为“模特”时，要么已被杀死，要么就是被捕捉了，如果从现在

小美洲鸵

达尔文

的动物保护主义的角度来看，这些做法是不是违背伦理的？

薛晓源：在人文博物学时期，从亚里士多德、狄奥弗拉斯图以来到布封对自然都是关怀的，很少侮辱、残杀和掠夺动植物。他们对动植物的欣赏是具有诗意的、人文关怀的。从班克斯开始到达尔文，包括后来胡克来到中国以及喜马拉雅山附近，他们都是以经济利益为目标来向大自然进行索取的。

我们最近谈得比较多的是植物猎人。在中央电视台纪录片频道播出的《英国威尔逊》中，英国邱园就派威尔逊到中国寻找一种叫作绿绒蒿的新物种，它是冰川时期唯一遗留下来的最原始物种，有很高的经济价值。英国最初一共只有1500多种植物，威尔逊来中国以后带走的物种有20000种，引入到英国的就有5000多种植物。猕猴桃就是从川藏地区引入的，法国的梧桐树也是从西部地区的大山里引进的，蔷薇花、牡丹花都是从我们这里引进的。他们尤其对动物是以掠夺为主，刚开始还远距离观察，对照写生，慢慢地便开始捕捉动物，但是带回去有很多风险，所以把大部分动物都杀了。

有一次，达尔文寻找一种鸵鸟，结果吃饭的时候端上来的肉就是那种鸵鸟的，他在全球探险科学考察中一直想找它却找不到，结果被厨师端上来了。达尔文说："把皮毛给我保留好。"后来复原成了一个鸵鸟标本。这是一种小美洲鸵，还是珍稀品种，但却吃掉了。他们就是一路打猎，一路采摘，一路施暴，夺取珍稀动植物。帝国博物学的确有很大成分的强权性、掠夺性和残忍性。

我看过一个资料，里面写到从17世纪到20世纪这300年来，大概300多个物种都消失了。有个博物学家把19世纪绝迹的100种植物和动物的标本重新复原，使得鲜活的场景再现。但是他表示很哀伤，讲道："使鸟灭绝的罪魁祸首不是自然界而是人类的滥杀和狂捕。"

当时伟大的博物学家古尔德还描绘了澳大利亚的袋狼，这也是很奇特的物种。不过现在只能在澳大利亚的自然博物馆里看到袋狼的标本，我接下来要编关于狼的一本书就是要讲从"狼图腾"变成"狼图绘"的过程，也是人类的一曲悲歌。狼消失了，但生态平衡也打破了。

叉扇尾蜂鸟

电影《狼图腾》里阿爸的话很感人："你们杀狼，不是保护了草原，老鼠的天敌没有了，生态平衡打破了，美好日子没有来，厄运来了。"的确很多物种都灭绝在强权和帝国博物学中。在过去，有很多人抱怨美国著名的博物学家奥杜邦，因为很多珍稀的鸟类都在他手里灭绝了，虽然后来又发现了一些残留。不过奥杜邦晚年也在忏悔，他一生杀戮过很多美丽的精灵。后来奥杜邦的儿子和很多人筹钱给慈善协会并设立了奥杜邦鸟类研究协会，进一步宣传环保意识，发动广大读者爱护鸟类，现在英国的鸟类协会有几百万人，美国的也有几百万人，他们的环保意识非常强，同时观鸟的规模也很庞大。

这里还有个故事：美国总统老罗斯福到英国去访问，那时英国的外长是格雷，格雷也是很著名的鸟类爱好者，他知道罗斯福喜欢打猎看鸟，所以就说："我们专门安排时间去看鸟吧！"罗斯福总统就很高兴，专门安排了一天的时间，到伦敦郊外去看鸟。对他来说真正的放松就是观看鸟在蓝色的天空中自由地翱翔。罗斯福晚年写回忆录的时候专门写观鸟，说："观鸟是人生中最幸福的事情。"

《澎湃新闻》：您在书里还写到，国内的一些画家说博物绘画没有太大的审美价值，这是为什么?

薛晓源：一是因为我们所受的博物教育比较少，相关内容的出版物也比较少。还有就是很多珍稀的博物学绘画都藏在深宫大院中，比如在英国的皇室和俄罗斯的皇室中。当时彼得大帝到欧洲微服私访，看到梅里安的画觉得画得好极了，就买下来了。我们最初看到的博物绘画比较少，图片的质量也不是很好。随着因特网的揭秘，还有拍卖品走向大众，很多东西好的能被我们看到。还有图片清晰度也在增加，现在都是高清的扫描照片。

很多艺术家看到的都是二流三流的东西，僵化地对照写生，没有生气，所以也不是说中国人没有欣赏力，而是没有看到很好的东西，比如奥杜邦、胡克和约翰·古尔德的作品。如果看过真品的话，会很震撼，都是1:1的临摹，线条发挥到极致，渲染色彩斑斓。

Redstart
Redbreast
Black Redstart
Whinchat
Nightingale
White-spotted Bluethroat
Arctic Bluethroat
Archibald Thorburn

赭红尾鸲等鸟类

博物绘画是展现了天地之大美，主要表现在三个方面：

第一个是客观精确之美。这是中国画家做不到的，西方博物画家无论是在野外长期写生，还是对关在笼子的活物写生，都是长时间的辛劳与耐心。博物画家利尔画鹦鹉有时需要三个月，仔细观察其特征和情貌。利尔有时候说鹦鹉太美了，他笨拙的笔不能完全表现出它的倩影。

第二个是色彩斑斓之美。博物学家鲍尔为了表达绿色，他拥有 200 多个色卡，红色和蓝色也各有两三百个色卡，总共可达 1000 多个色卡，其中颜色细微的变化，中国画家是没法进行想象和实践的。《博物之旅》这套书，商务印书馆已经把这些博物绘画的品质呈现到极致了，但还是损失了好多，至少 20% 以上。

第三个是复合叠加之美。博物学著作刚开始印量很小，大概 100 部左右，后来因为资金紧张，要节省成本，把好几种鸟类画在一幅画中，鸟画得很漂亮所以很好卖。这样放在一起，就形成了叠加复合之美，有丰富的立体感和多维空间，超出人们的想象。这种画法在中国很少，中国画鸟就是画鸟，最多再画花作为陪衬，很少把某一类鸟或某一类家族的鸟甚至把不同门类的鸟放在一起。比如梅里安把毛虫、蛹和蛾子放在一起，讲羽化成蝶的故事，就是我们所说的“化蝶”。用空间表现时间，这是西方人的发明。他们当时也是为了节省成本，结果造成了这样的画面。还有一本关于蝴蝶的博物学著作，其中所绘的蝴蝶没有一个是相同的，但却又是相似的，所以这一整版一整版蝴蝶的效果是让人炫目的，这和中国人所画的一只两只是不一样的，复合之美一下子就被呈现出来了。所以作为天地大美的博物学能唤醒人们的审美“苏醒”，从污浊的空气中走出去，去感受自然界的天地大美。博物绘画有丰富的细节，而我们的博物绘画却很少注重这么多细节。西方人这种探索、严谨的态度和描绘能力是我们难以想象的。

博物绘画之美

——《中国科学报》访谈录

德国文学家歌德说："我要展现我看到的万物的芳姿与颜色。"这句话放在博物画家身上，再恰当不过。几千年来不断涌现的博物绘画精品，构成了博物学中极具审美价值的一部分，让今天的人们得以欣赏科学与艺术交融的美感。

中央编译局研究员薛晓源十多年以来一直致力于博物绘画研究和博物学书籍收藏，目前已收藏3000多册的插图本著作、几十万张图片。他主编的《博物之旅》等丛书向国内读者介绍了大量珍贵的西方博物绘画。博物绘画到底有着怎样的魅力？我们又该如何欣赏？带着这样的问题，《中国科学报》记者对薛晓源进行了专访。

《中国科学报》：西方博物绘画经历了怎样的发展历程？

薛晓源：西方博物绘画发端于15、16世纪，发展于17、18世纪，19世纪呈现发展高峰，作品爆发、大师林立、流派纷呈，19世纪末出现式微，20世纪出现大幅度衰落，20世纪下半叶到现在又开始恢复和复兴。

博物绘画开始衰落主要是因为照相机的出现，尤其是彩色照相技术的发展。但后来人们渐渐发现，照相机虽然方便，但照出来的图片比较平面，不像手绘图片把动植物的质感表现得那么充分。而且，创作博物绘画需要画家长久的观察、凝视和描绘，每幅作品都蕴含着作者独特的故事和意义，也更具个性化。另一方面，随着人们环境意识的提升，回归古典、回归自然的渴望也在增强，博物学由此再次焕发生机，作为其中重要部分的博物绘画当然也随之复兴了。

《中国科学报》：那现在国内的情况呢？

新几内亚角雕

《芙蓉锦鸡图》

《疏荷沙鸟图》（宋代，作者不详）

薛晓源：国内对博物绘画的关注也在增加，《博物之旅》这套书出版后引起了不小的反响，从中也可以窥见大家对博物绘画的热情。在创作方面，中国科学院等机构的博物绘画作者也在增加，比如孙英宝等都非常优秀。不少人也有兴趣在业余时间学习博物绘画。还有一些非政府组织、出版社也在做推广活动，除了出版古尔德、爱略特等博物绘画大师的作品外，还推出了博物方面的填色书，增加读者，特别是孩子，对博物绘画的了解和认识。

《中国科学报》：我们现在熟知的很多博物画家及其作品都来自西方。中国有没有传统意义上的博物绘画，比如比较偏重写实的宋代花鸟画？

薛晓源：宋代花鸟画已经有了博物绘画的意味，但不能算作严格意义上的博物绘画。

西方的博物绘画是在分类学基础上，遵循着严格的写实主义原则，很多是 1∶1 比例描绘原物，或者用标尺标注尺码，表明鸟的喙、脖子、羽翼分别有多长等。宋代花鸟画虽然已经偏重写实，表现出了描述大自然的意图，比如宋徽宗的《芙蓉锦鸡图》，但毕竟还是在写意的基础上，更注重展现"物"本身的象征意义，而不做分类，不做详细的数字标示等，画的物种也比较有限。

同时，西方博物绘画往往与动植物的信息记载相结合。在西方博物学的黄金时代，动植物图谱通常左边是图，右边是文。文字包括命名、最早的发现者、发现地、此次发现的与之前有何相似性和相异性等信息。中国自然绘画则不会这样做。中国传统上对自然的描绘一般比较概括。比如，我最近在看《四库全书》博物卷中的禽类部分，就把苏东坡的《放鹤亭记》等文学作品也一并放入进来。

《中国科学报》：多年收藏和研究，您最为欣赏和喜爱的博物画家和作品有哪些？

薛晓源：我本人最喜欢的博物画家是英国鸟类学家约翰·古尔德。我很自豪的是，已经集全了他的著作。

威氏极乐鸟

鸭嘴兽

澳洲针鼹

古尔德是达尔文的好朋友，是进化论主要的启蒙者之一，也被称为澳大利亚的鸟类学之父，因为他第一次系统梳理了澳大利亚的哺乳动物和鸟类。他带着一批助手，在澳大利亚停留了三年多，对照大自然中的鸟类作画。据说他一生创作了5500余幅博物绘画，每幅画与实物比例几乎都是1:1。他笔下的鸟线条生动、姿态优美、着色璀璨、栩栩如生，丰富的细节一览无余。而且，他不只画一只鸟，还会将鸟生存的环境完整地描绘出来。对于所画对象的发现地、特征、栖息地、发现故事等信息，他也一一详细考证和记录，留下了丰富的第一手资料。

古尔德画的天堂鸟美轮美奂，我的导师范曾先生第一次看到都盛赞说是“天生尤物”。他描绘的澳大利亚袋狼，后来灭绝了，如果没有这些画作，我们可能都不知道还有这种动物存在过。他为了博物绘画付出了惨痛的代价，他的夫人在澳大利亚得病，后不治而亡。古尔德不得不返回英国，临走时依然把助手留在澳大利亚继续研究和描绘，后来出版了七大卷《澳大利亚的鸟类》。我们也正在翻译古尔德的《澳大利亚的鸟类》和《澳大利亚的哺乳动物》，将这位博物绘画大师的作品介绍给更多读者认识。

《中国科学报》：您主编的书中也有写到，博物绘画史上也有捕杀动物的黑历史？

薛晓源：博物绘画史上确实也有不太光彩的一页。比如，美国著名博物画家奥杜邦，就是把鸟捕杀后用鱼线绑起来，把鸟摆出各种动作来作画。他也因此受到很多谴责，他在晚年也在忏悔，一生杀戮过很多美丽的精灵。用这样的方式作画，也使得奥杜邦的画作有矫揉造作之嫌，不像古尔德描绘的那种自然之态。很多博物画家都会选择在野外长期写生，或者对关在笼子的活物写生，而不是捕杀动物作为标本。

《中国科学报》：在您看来，博物绘画美在何处？

薛晓源：博物绘画是科学与美学、自然与人文完美的融合。博物绘画之美，一是客观精确之美。博物绘画创作需要长时间的辛劳与耐心，也成就了其精确细致。博物画家利尔画一只鹦鹉有时就需要三个月的时间，以仔细观察其特征和情貌。二是色彩斑斓之美。博物绘画还原了大自然丰富的色彩。博物学家费迪南德·鲍尔仅绿色就有200多个色卡，红色、蓝色等也有100多个色卡，以展现描绘对象颜色细微的变化。三是复合叠加之美。博物绘画中，有的将同一种动物画在一幅画中，比如一幅博物绘画是将不同种类的蝴蝶画在一起，展现出令人炫目的效果。有的甚至将不同类的动物放在一起，用空间表现时间，真正把读者带入了大自然奇妙的情境之中。

《中国科学报》：对于普通人如何欣赏博物绘画，您有何具体建议？

薛晓源：欣赏博物绘画，首先看其整体构图，第二看线条是否饱满、丰富、逼真，然后看其色彩是否璀璨绚丽，最后看不同动植物组合在一起产生的奇妙效应。这是从整体到局部，又回到整体的欣赏过程。

除了看画本身，希望大家还能去多了解所绘对象的科学知识和背后的故事，比如如果你了解了天堂鸟曾遭受过怎样的捕杀和摧残，在看到画中那美轮美奂的倩影时，或许能产生更深刻的体会，对人与自然的关系能做更深入的思考。还有那些博物画家的故事，他们殚精竭虑，有人客死他乡，有人得病致残。今天的我们能在舒适的环境里，欣赏着这样美轮美奂又饱含着艰辛的博物绘画，应该感到幸福。

当然，通过博物绘画观赏大自然是一个方便的途径，但我们更希望大家能真正走进自然中，去看看那些画作中描绘的鲜活生命。只是需要记住，我们不是自然的主人，也不是自然的奴隶，而是自然的朋友。我们要学会欣赏而不占有地去对待自然万物。

加拿大雁（颈部的扭曲颇不自然）

金刚鹦鹉

后记　艺术可能是通往博物学的一条捷径

从2005年5月我在纽约旧书店，第一次看见奥杜邦的鸟类学画册，就惊艳其画风的逼真和美丽，就像喝了迷魂汤一样，迷醉不已，从此再也难以割舍，走向了博物学的收藏之路。从非洲到英国，从美国到德国，只要有机会，我就访求全球的自然博物馆，得以一窥博物学的珍品，曾流连于英国皇家植物园（邱园）胡克爵士从喜马拉雅高山地区采集的杜鹃花，曾徘徊于英国自然博物馆达尔文的全球搜求的各种样本之前，在德国惊讶于亚历山大·洪堡卷帙浩繁的博物学手稿，在纽约大街四处搜寻爱略特天堂鸟的各种古稀珍本。收藏之路，艰辛而快乐，渐渐集腋成裘，我的博物学收藏已有一定的规模：拥有千卷画册、千万张电子图片。看到人们对自然的热爱和博物学在中国的勃兴，一时技痒，在商务印书馆等出版机构的悉心帮助之下，便展开博物学介绍和出版工作。

从2014年开始，我沉迷博物学之中，乐而忘忧。亲友担心我的学术研究和艺术创作工作受其耽搁，我则是“衣带渐宽终未悔，为伊消得人憔悴”。天道酬勤，迄今，我已主编出版博物学图书20多本，接受20多家媒体的采访和报道，多种图书获奖、受到好评并登上各种好书榜，从中央电视台到北京地铁4号线，天堂鸟美丽的倩影在人们关注的视线里呈现。为此，我认真学习中外博物学文献，撰写大量介绍博物学的文章和访谈，本书收集的文章是其中的一部分，有媒体称赞我为博物学家，我辞谢不已，表示不敢，因为从亚里士多德到洪堡，非饱学之士不敢妄称为博物学家，称为博物学的爱好者即可，准确地说是博物学艺术的爱好者。我就是顶着博物学艺术的爱好者头衔游走于全球各大博物馆。在近十年研习过程中，我学到大量博物学知识，看花观鸟，赏石鉴画，也结识了一些专业人士，大家教学相长，优势互补，我主编图书的相关译者大多数是专业人士，与佳士交游，我觉得受益匪浅，我认为艺术与博物学相得益彰，和谐共飞。西方有谚语曰：条条大路通罗马。我从自己的学习和体验博物学过程中，认为常人从艺术入手，可能是研习博物学的一条捷径，这是个人的经验，能否成为大家都能接受的普遍经验，还要接受实践的检验。

本书的出版不是我个人的事情，它凝聚诸位师友的关心和帮助。首先要感谢学界师长名宿的提携和关怀，感谢著名物理学家杨振宁先生、文学家莫言先生、著名画家范曾先生，他们的题词和推荐使《博物之旅》丛书脍炙人口，深入人心；感谢著名艺术家陈燮君先生、表演艺术家曹可凡先生、著名哲学家孙周兴先生，你们的推崇与对谈，使得博物学走向寻常百姓家，影响深远；感谢中央电视台、《解放日报》和《中国科学报》等媒体人士的支持，你们的“推波助澜”，使人们发现了自然之美、博物之美，感谢上海辰山植物园执行园长胡永红博士百忙之中拨冗写序推荐！要感谢的名单还有许多，在此就不赘言了，感谢为这本书出版付出艰辛劳动的人们！采花的蜜蜂会记得花的芬芳！

薛晓源于西山澄明斋

2019年3月12日